# The Cook's Encyclopedia of Baking

# 烘焙料理大全

晨星出版

# 目 錄

# CONTENTS

# CONTENTS

# CONTENTS

# CONTENTS

本書計量單位： 1茶匙＝5公克

1湯匙＝15公克

1杯＝250公克

 前 言

　　沒有什麼能比得上親手烘焙來得快樂。無論是買來的現成糕點或從商店購買的餅乾，都無法與在家烘焙的樂趣相提並論。那種感覺來自於優質而新鮮的原料、彌漫在整個房子裏讓人垂涎欲滴的味道、從烤箱裏飄出的誘人香氣，還有那親手創作出如此人間美味的滿足感。

　　本書將各國飲食文化中人們耳熟能詳的烘焙美食盡收於此，同時還收錄了許多少為人知、但同樣美味的烘焙妙方。它帶領我們去探索美食世界中的——小餅乾、瑪芬、快速麵包、酵母麵包、派、塔、蛋糕等。即使是學習烘焙的新手，本書簡單易學、清晰有序的圖片可以助其更容易掌握烘焙技術。而對於已有烘焙經驗的朋友來說，本書可以使您的拿手好菜更豐富。

　　烘焙是一門學問，需要循序漸進的學習。首先應該閱讀一遍食譜，在動手製作之前，預備好所有的材料，在本書中，除非有特別說明，否則砂糖、中筋麵粉以及大尺寸的雞蛋都是必備的。為了做出最佳效果，雞蛋應在常溫下保存。在測量放多少麵粉的時候，各食譜大都採取先用湯匙然後平整的方法，用量杯盛麵粉，然後用刀背將其整平，麵粉量過之後就可以使用，按照每個食譜的說明將其他的材料混合在一起，如果從一個適當的高度篩撒麵粉，做出來的食物就會更鬆軟可口。

　　將一種配料加入另一種配料的時候，應該儘量讓空氣進入麵糊裏面。用一個大的金屬湯匙或是一把長柄的橡膠或塑膠抹刀，輕輕地將湯匙或抹刀深插入奶油中部，舀起一大塊奶油、攪拌、輕輕轉動碗，這樣就能把其餘的奶油都拌勻。

　　世上沒有完全相同的烤箱。建議買支可靠的烤箱溫度計，測量烤箱的溫度。儘量使用烤箱的中部，因為這個部位的熱度大多更均衡持久，在使用旋風烤箱時，按照說明書上關於烘焙的說明去做。而優質的烘烤盤可以讓完成的成品更好，因為它們的導熱效能較佳。

　　練習、耐心、熱情，是充滿自信、打開成功烘焙之門的鑰匙。本書將激發你，讓你開始撒麵粉、打雞蛋、將各式各樣令人賞心悅目的家製美食融合在一起，而所有的肯定來自於製作者本身與對於這些食物感到滿足的人們。

# 餅乾

讓你的餅乾罐裏永遠滿滿排列著美妙的各式餅乾——有的柔軟耐嚼、有的香脆可口、有的口感濃郁讓人充滿想吃的慾望，還有的雖簡單但有益健康，每一種都令人無法抗拒。

# 椰子燕麥餅乾 Coconut Oatmeal Cookies

**材料**
（48份）

| | |
|---|---|
| 快熟燕麥片2杯 | 牛奶4湯匙 |
| 椰絲1杯 | 香草精1½茶匙 |
| 奶油或乳瑪琳250公克 | 麵粉1杯 |
| 砂糖½杯 | 小蘇打½茶匙 |
| 黑糖¼杯 | 鹽½茶匙 |
| 雞蛋2個 | 磨好的肉桂1茶匙 |

1. 烤箱預熱到200℃，在2張烤盤上塗奶油。

2. 將燕麥片和椰絲撒在沒有塗奶油的烤盤上，烤8～10分鐘，直到變成黃褐色，烤的過程中需不時翻動。

3. 用電動攪拌器將奶油或乳瑪琳以及砂糖與黑糖拌勻，直到顏色較淡並出現泡沫為止，打入雞蛋（一次1個），放進牛奶和香草精，撒入乾配料攪拌，放入燕麥片和椰絲。

4. 將滿滿一大匙的麵糰放到準備好的烤盤上分成48份，間隔2.5～5cm，用塗了油和糖的玻璃杯底部將其整平，烤8～10分鐘，直到變成金黃色，然後放到架子上冷卻。

# 脆餅 Crunchy Jumbles

**材料**
（36份）

| | |
|---|---|
| 奶油或乳瑪琳125公克 | 蘇打粉½茶匙 |
| 白糖1杯 | 鹽⅛茶匙 |
| 雞蛋1個 | 脆米花2杯 |
| 香草精1茶匙 | 巧克力片1杯 |
| 麵粉1¼杯 | |

1. 烤箱預熱到180℃，在2張烤盤上塗奶油。

2. 用電動攪拌器將奶油或乳瑪琳以及白糖拌勻，直到顏色較淡並出現泡沫為止，放入雞蛋和香草精。篩入麵粉、蘇打粉、鹽攪拌。

3. 加入脆米花和巧克力片，完全攪拌均勻。

4. 用勺子將麵糰舀到烤盤上，分為36份，間隔2.5～5cm，烤8～10分鐘，直到變成金色，然後放到架子上冷卻。

**參考做法**
要做出更脆的餅乾，可以加入½杯核桃仁，還有脆米花和巧克力片。

# 薑餅 Ginger Cookies

## 材料（36份）

砂糖1杯

紅糖½杯

奶油125公克

乳瑪琳125公克

雞蛋1個

糖漿⅓杯

麵粉2¼杯

剁碎的薑2茶匙

切碎的肉豆蔻½茶匙

切碎的肉桂1茶匙

蘇打粉2茶匙

鹽½茶匙

① 烤箱預熱到160℃。在2～3張烤盤邊圍上蠟紙，並塗上一點油。

③ 乾配料篩三次，然後加入步驟2，冷凍30分鐘。

④ 將剩下的砂糖放到一個淺盤子裏面，將一匙之量的麵糰揉成小球，然後將小球裹上砂糖。

⑤ 將小球放在預備好的架子上，間隔5cm，輕輕整平，烤12～15分鐘，直到餅乾邊呈金黃色而中間尚柔軟，放置5分鐘，然後移到一旁冷卻。

② 用電動攪拌器，將½杯砂糖、紅糖、奶油及乳瑪琳攪拌直到顏色較淡並出現泡沫，加入雞蛋繼續攪拌直到均勻，加入糖漿。

**參考做法**

如要做薑餅人，增加¼杯量的麵粉，揉勻麵糰，用特殊的刀具切割出形狀，也可以用糖衣加以裝飾。

# 橙味餅乾 Orange Cookies

## 材料 (30份)

| |
|---|
| 奶油 125 公克 |
| 白糖 1 杯 |
| 蛋黃 2 個 |
| 新鮮的橘子汁 1 湯匙 |
| 大橘子的皮 1 個，切碎 |
| 中筋麵粉 1 杯 |
| 低筋麵粉 ½ 杯 |
| 鹽 ½ 茶匙 |
| 泡打粉 1 茶匙 |

① 用電動攪拌器將奶油以及白糖拌勻，直到顏色較淡並出現泡沫為止，加入蛋黃、橘子汁和橘皮，繼續攪勻，然後放到一邊。

② 用另外一個碗，篩入麵粉、鹽和泡打粉，然後將其倒入步驟 1 中，攪拌直到形成一個麵糰。

③ 將麵糰用蠟紙包起來，冷卻 2 小時。

④ 烤箱預熱到 190℃，在 2 張烤盤上塗奶油。

⑤ 將一匙之量的麵糰揉成小圓球，放到預備好的烤盤上，間隔 2.5 ～ 5 cm。

⑥ 用叉子將其壓平，烤 8 ～ 10 分鐘，直到餅乾色澤呈現黃褐色，然後用金屬抹刀將其轉移到架子上冷卻。

# 香草新月餅乾 Vanilla Crescents

**材料**
（36份）

原色杏仁 1¼ 杯
麵粉 1 杯
鹽 ½ 茶匙
無鹽奶油 250 公克

砂糖 ½ 杯
香草精 1 茶匙
用來撒在糕點上的糖粉

❶ 用食品加工機、攪拌機或者堅果研磨機，將杏仁加上幾湯匙麵粉磨細。

❷ 將剩下的麵粉加上鹽篩好，放在一旁備用。

❸ 用電動攪拌器，將奶油和糖一同攪拌，直到顏色較淡並起泡沫。

❹ 加入杏仁、香草精和步驟 1、2、3，充分攪拌，將麵糰搓成一個球形，用蠟紙包起來，冷凍至少 30 分鐘。

❺ 烤箱預熱至 160℃，在兩張烤盤上塗一點油。

❻ 將大麵糰分成核桃大小的小球，然後搓成直徑大約 1 cm 的小圓柱體，彎成小新月形，然後放到準備好的烤盤上。

❼ 烤 20 分鐘左右，直到變乾，但不要烤到變成褐色，放到架子上稍稍冷卻，將架子放置到烤盤上，均勻地撒上一層糖粉。

餅乾

小餅乾

# 核桃新月餅乾 Walnut Crescents

**材 料**
（72份）

核桃仁 1 杯
無鹽奶油 250 公克
砂糖 ¾ 杯
香草精 ½ 茶匙

麵粉 2 杯
鹽 ¼ 茶匙
用來撒在糕點上的糖粉

❶ 烤箱預熱至 180℃。

❷ 用食品加工機、攪拌機或者堅果研磨機，將核桃磨細直到幾乎成麵糊，然後盛放到碗裏。

❸ 在步驟 2 裡放入奶油，用木匙子攪拌直到混合，加入砂糖和香草精，攪拌。

❹ 將麵粉和鹽篩入步驟 3 裏，用手搓成一個麵糰。

❺ 每次取一匙之量的麵糰，將麵糰做成約 4 cm 長的小圓柱體，彎成小新月形，然後均勻地放到一張沒有塗油的烤盤上。

❻ 烤 15 分鐘左右，直到呈現淡褐色，移到架子上稍稍冷卻，將架子放置到烤盤上，均勻地撒上一層糖粉。

# 山核桃泡芙 Pecan Puffs

## 材料（24份）

無鹽奶油125公克

砂糖2茶匙

鹽 1/8 茶匙

香草精1茶匙

山核桃仁1杯

篩過的低筋麵粉1杯

用來撒在糕點上的糖粉

1. 烤箱預熱至150℃，在兩張烤盤上塗油。

2. 用電動攪拌器，將奶油和砂糖打到顏色較淡並出現泡沫，放入鹽和香草精，攪拌。

3. 用食品加工機、攪拌機或者堅果研磨機將核桃仁磨細，攪拌幾次，以免它變得油膩，根據需要可以分幾次研磨。

4. 用放在碗上的濾網將磨碎的果仁過濾，太大以致於不能穿過濾網的果仁可以重磨一下。

5. 在分配細麵粉之前先篩一下，將果仁和麵粉拌入步驟2。

6. 用掌心將麵糰做成一個個彈珠大小的小團，放到準備好的烤盤上烤45分鐘。

7. 趁泡芙還熱的時候，放到糖粉裏滾動一下，完全冷卻以後，再放進糖粉裡裹一遍。

# 山核桃曲奇餅 Pecan Tassies

## 材 料 (24份)

奶油乳酪115公克

奶油125公克

麵粉1杯

**做內餡的配料:**

雞蛋2個

黑糖 ¾ 杯

香草精1茶匙

鹽 ⅛ 茶匙

溶化的奶油30公克

山核桃仁1杯

❶ 將一張烤盤放進烤箱預熱至
180℃,在2張有12個烤杯
的烤盤上塗油。

❷ 將奶油乳酪和奶油切成片,
放到一個攪拌碗裏,篩入麵
粉,揉成一個麵糰。

❸ 將麵糰桿成薄的麵皮,用有
凹槽的糕餅切割器切成24個
6 cm的圓形,將它們放在烤
杯冷卻,同時製作內餡。

> **參考做法**
> 要製作果醬曲奇餅,可以在奶油
> 乳酪餡餅裏填入覆盆子或黑莓
> 漿,其他果醬也可,烘烤的方法
> 同上。

❹ 做內餡的時候,把雞蛋放在碗
中,輕輕攪拌,慢慢拌入黑糖
(每次放幾湯匙),然後把香草
精、鹽和奶油放進去,放在一旁
備用。

❺ 保留24個完整的半個山核桃
仁,其餘的用鋒利的刀切碎。

❻ 在每個烤杯裏放一匙剁碎的山核
桃仁,再填上內餡,然後在頂部
放半個山核桃仁。

❼ 在預熱好的烤盤上烤大約20分
鐘,直到變得蓬鬆成型,移到架
子上冷卻,在常溫下保存。

# 義大利杏仁餅乾 Italian Almond Cookies

餅乾

小餅乾

## 材料（48份）

| | |
|---|---|
| 原色杏仁 1 杯 | |
| 麵粉 1½ 杯 | |
| 白糖 ½ 杯 | |
| 鹽 ⅛ 茶匙 | |
| 番紅花粉 ⅛ 茶匙 | |
| 蘇打粉 ½ 茶匙 | |
| 雞蛋 2 個 | |
| 輕輕打散的蛋白 1 個 | |

### 烹飪提示
一般在餐後上這種餅乾，可以在喝甜紅酒（比如義大利的 Vin Santo 或者法國的 Beaumes-de-Venise）的時候吃。

① 烤箱預熱至 190℃，在兩張餅乾烤盤上塗油和麵粉。

② 將杏仁散佈在一個淺烤盤裏，烤大約 15 分鐘，直到變成淺褐色，冷卻以後，將 ¼ 杯杏仁用食品加工機、攪拌機或者堅果研磨機研磨成粉，剩下的杏仁粗略剁成 2～3 片，放到一旁備用。

③ 將麵粉、糖、鹽、番紅花粉、泡打粉、以及磨細的杏仁粉放到一個碗裏混合攪拌，在中間挖出一個洞，打入 2 個雞蛋，從中間開始向四周攪拌，形成黏稠的麵糰。放到撒有麵粉的平板上，使勁揉，直到完全混合，將切碎的杏仁揉進去。

④ 將麵糰分成大小相等的 3 部分。用手將其捏成直徑約 2.5 cm 的長條。放到其中一個準備好的烤盤上，留下足夠的空間可以攤開，刷上蛋白，烘烤 20 分鐘。

⑤ 將其從烤箱中取出，把溫度調低到 135℃，用一把非常鋒利的刀將其斜切成 1 cm 的薄片，將薄片再次放進烤箱，再烤 25 分鐘，最後放到架子上冷卻。

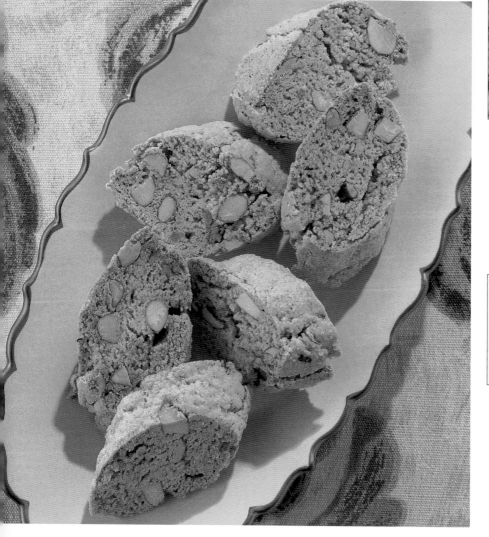

# 聖誕餅乾 Christmas Cookies

## 材料（30份）

| |
|---|
| 無鹽奶油190公克 |
| 白糖 1¼ 杯 |
| 雞蛋 1 個 |
| 蛋黃 1 個 |
| 香草精 1 茶匙 |
| 切碎的檸檬皮 1 個 |
| 鹽 ¼ 茶匙 |
| 麵粉 2½ 杯 |

**裝飾（隨意）：**
可以使用彩色糖衣和小粒的糖，如
銀球、彩色糖屑等。

❶ 用電動攪拌器，將奶油打
匀，慢慢放入糖，繼續攪拌
直到顏色較淡並出現泡沫。

❷ 用木勺子將整個雞蛋和蛋黃
慢慢拌入，加入香草精、檸
檬皮和鹽，充分調匀。

❸ 加入麵粉攪拌，將麵糰揉成球
狀，包起來冷卻30分鐘。

❹ 將烤箱預熱至190℃，在撒上
麵粉的平板上將麵糰桿成0.3
cm厚的麵皮。

❺ 用餅乾切割器切出各式形狀和圓形。

❻ 烤8分鐘左右，直到變成淺褐色，裝
飾前移到架子上充分冷卻，根據喜好
可以用糖衣和糖果裝飾一下。

# 巧克力蛋白杏仁餅乾 Chocolate Macaroons

## 材料（24份）

無糖巧克力60公克
原色杏仁1杯
砂糖1杯
蛋白⅓杯（大約3個雞蛋）
香草精½茶匙
杏仁精¼茶匙
用來撒在糕點上的糖粉

① 烤箱預熱至160℃，在2張餅乾烤盤用蠟紙圍上邊，並塗上油。

② 將巧克力隔水加熱溶化。

③ 用食品加工機、攪拌機或者堅果研磨機將杏仁研磨成粉，倒到一個攪拌碗裏。

⑤ 用一把茶匙和手將麵糰揉成核桃大小的小球，放到烤盤上，稍稍壓平，將每個麵糰刷上一點清水，撒上薄薄一層糖粉，烤10～12分鐘，剛好變硬就行，用金屬抹刀移到架子上冷卻。

### 參考做法

要做松子杏仁巧克力餅乾，將¾杯松子撒在一個淺盤裏。將杏仁巧克力餅乾麵糰小球壓在果仁上，蓋住一邊，烘烤方法同上，有果仁的面朝上。

④ 倒入糖、蛋白、香草精和杏仁精攪拌，加入巧克力攪拌，剛好維持其形狀即可，如果太軟了應冷卻15分鐘。

---

# 椰子蛋白杏仁餅乾 Coconut Macaroon

## 材料（24份）

| | | |
|---|---|---|
| 麵粉⅓杯 | | 未加糖的煉乳⅔杯 |
| 鹽⅛茶匙 | | 香草精1茶匙 |
| 椰絲2½杯 | | |

① 烤箱預熱至180℃，在兩張餅乾烤盤上塗油。

② 將麵粉和鹽篩到一個碗中，加入椰絲。

③ 倒煉乳，加香草精，從中間開始攪拌，做成非常稠的奶油。

④ 用大湯匙將步驟3分成24份，放到準備好的烤盤上，間隔2.5 cm，烤20分鐘，直到變成金褐色，拿到架子上冷卻。

# 杏仁瓦片 Almond Tiles

餅乾

小餅乾

## 材料（40份）

| | |
|---|---|
| 原色杏仁 ½ 杯 | |
| 白糖 2 杯 | |
| 無鹽奶油 55 公克 | |
| 蛋白 2 個 | |
| 低筋麵粉 ⅓ 杯 | |
| 香草精 ½ 茶匙 | |
| 杏仁片 1 杯 | |

❶ 用食品加工機、攪拌機或者堅果研磨機將原色杏仁加 2 茶匙糖研磨成粉。

❷ 烤箱預熱至 220℃，在兩張餅乾烤盤上塗油。

❸ 用電動攪拌器，將奶油和剩下的白糖一起打到顏色較淡並出現泡沫。

❹ 加入蛋白，攪拌直到正好混合，撒入麵粉，用一個金屬勺子攪拌，拌入磨碎的杏仁和香草精。

❺ 用大湯匙將步驟 4 分成 40 份，分別舀到準備好的烤盤上，間隔 7.5 ㎝，用湯匙的背面將其鋪成薄得幾乎透明的圓餅，直徑約 6 ㎝，每個圓餅上都撒上一些杏仁片。

❻ 烤 4 分鐘左右，直到餅邊微微出現淺褐色。

❼ 用金屬抹刀快速將餅乾從烤箱裏取出來，用桿麵棍做成曲線形，如果餅乾硬得很慢，不能成型，可以再稍微加熱，重複這樣烘烤和做出形狀，最後將餅乾儲存在密封的容器內。

# 杏仁焦糖脆片巧克力餅 Florentines

## 材料 (36份)

| | |
|---|---|
| 奶油 | 45公克 |
| 鮮奶油 | 125公克 |
| 白糖 | ⅔杯 |
| 杏仁片 | 1½杯 |
| 切細的糖漬橘皮 | ¼杯 |
| 切細的糖漬櫻桃 | 2湯匙 |
| 篩過的麵粉 | ½杯 |
| 半甜巧克力 | 225公克 |
| 植物油 | 1茶匙 |

① 烤箱預熱至180℃，在兩張餅乾烤盤上塗油。

② 將奶油、鮮奶油、糖放在一起溶化，小心地加熱。關掉熱源，加入杏仁片、橘皮、櫻桃和麵粉，拌勻。

③ 用大湯匙將步驟2舀到準備好的烤盤上，間隔2.5～5cm，用叉子整平。

④ 烤10分鐘左右，直到餅乾邊變成褐色，從烤箱裏取出來，用刀子或圓形的餅乾切割器將不整齊的邊修齊，動作要快，否則餅乾還在烤盤上的時候就會變冷，如果有必要，可以將餅乾放回烤箱加熱一會兒，然後趁熱用金屬抹刀將餅乾放到乾淨的平板上。

⑤ 將巧克力隔水加熱溶化，加入植物油，攪拌。

⑥ 用金屬抹刀將冷卻後餅乾的光滑底部裏上一層溶化的巧克力糖衣。

⑦ 當巧克力快要凝固的時候，用一把鋸齒刀在表面上輕輕鋸出波浪線，將餅乾放在密封的容器內，放在陰涼處儲存。

# 花生果粒餅乾 Salted Peanut Cookies

## 材料 (70份)

麵粉 750 公克
蘇打粉 ½ 茶匙
奶油 125 公克
乳瑪琳 125 公克
紅糖 1½ 杯
雞蛋 2 個
香草精 2 茶匙
鹽味花生 2 杯

① 烤箱預熱至 190℃，在 2 張餅乾烤盤上塗少許油。

② 篩入麵粉和泡打粉，放到一旁備用。

③ 用電動攪拌器，將奶油、乳瑪琳和糖一起打到顏色較淡並出現泡沫，加入雞蛋和香草精，再加入步驟 2。

④ 加入花生。

⑤ 用勺子分成 70 份分別放到烤盤上，間隔 5 cm，然後用塗了油和糖的玻璃杯底整平。

⑥ 烤 10 分鐘左右，直到微微變黃，最後用金屬抹刀移到架子上冷卻。

### 參考做法

要做腰果餅乾的話，可以用等量的加鹽腰果代替花生，添加的方法同上，做出來的餅乾滋味美妙，令人回味無窮。

# 切達乳酪餅 Cheddar Pennies

## 材料 (20份)

奶油 60 公克
切碎的新鮮切達乳酪 250 公克
麵粉 ⅓ 杯
鹽 ⅛ 茶匙
辣椒粉 ⅛ ～ ¼ 茶匙

① 用電動攪拌器，將奶油調勻。

② 加入乳酪、麵粉、鹽和辣椒粉。揉成一個麵糰。

③ 將麵糰移到撒上少許麵粉的平面上，做成直徑約 3 cm的圓柱體，用蠟紙包起來，冷卻 1 到 2 個小時。

④ 將烤箱預熱至 180℃，在 1～2 張餅乾烤盤上塗油。

⑤ 將麵糰切成 0.5 cm厚的薄片，擺在烤盤上，烤 15 分鐘左右，直到變成金黃色，最後移到架子上冷卻。

餅乾

小餅乾

# 隱士餅乾 Hermits

**材料**
（30份）

| | |
|---|---|
| 麵粉 ¾ 杯 | 葡萄乾 1½ 杯 |
| 泡打粉 1½ 茶匙 | 奶油或乳瑪琳 125 公克 |
| 肉桂末 1 茶匙 | 白糖 ½ 杯 |
| 絞碎的肉豆蔻 ½ 茶匙 | 雞蛋 2 個 |
| 丁香末 ¼ 茶匙 | 糖漿 ½ 杯 |
| 五香粉 ¼ 茶匙 | 切碎的核桃仁 ½ 杯 |

❶ 將烤箱預熱至 180℃，用蠟紙和油將一個 33 × 23 cm 的烤盤底部和四周圍起來。

❷ 將麵粉、泡打粉和香料一起篩好。

❸ 將葡萄乾放入另一個碗中，和步驟 2 一起攪拌。

❹ 用電動攪拌器，將奶油或乳瑪琳和糖一起打到顏色較淡並出現泡沫，一次打入 1 個雞蛋，然後加入糖漿，拌入步驟 3，加入葡萄乾和核桃仁。

❺ 把麵糰在烤盤裏均勻鋪開，烤 15 到 18 分鐘，剛好變硬就可以了 先在烤盤裏冷卻一下，然後切成條狀。

# 奶油糖果蛋白酥餅 Butterscotch Meringue Bars

**材料**
（12份）

| | |
|---|---|
| 奶油 60 公克 | **製作上層麵糊的配料：** |
| 黑糖 1 杯 | 蛋白 1 個 |
| 雞蛋 1 個 | 鹽 ⅛ 茶匙 |
| 香草精 ½ 茶匙 | 玉米糖漿 1 湯匙 |
| 麵粉 ½ 杯 | 砂糖 ½ 杯 |
| 鹽 ½ 茶匙 | 磨碎的核桃仁 ½ 杯 |
| 切碎的肉豆蔻 ¼ 茶匙 | |

❶ 將奶油和砂糖放入平底鍋中混合，煮到起泡，放到一旁待其冷卻。

❷ 將烤箱預熱至 180℃，用塗抹油的蠟紙將一個 8 寸方形烤盤的底部和四周圍起來。

❸ 將雞蛋和香草精放入冷卻後的步驟 1 攪拌，篩入麵粉、鹽、肉豆蔻拌勻，在烤盤的底部鋪散開。

❹ 做上層麵糊時，將蛋白和鹽一起攪拌，直到出現泡沫，加入玉米糖漿，然後放糖，繼續使勁攪拌直到變得黏稠，拌入核桃撒在頂部，烤 30 分鐘，冷卻之後切成條狀。

# 瑪芬＆快速麵包

瑪芬和快速麵包不只製作簡單，而且口感怡人，不只讓家裏瀰漫著蜂蜜的香氣，更讓你的家人和朋友流連於早餐、咖啡時光或是下午茶，而且它們都是很棒的點心或午餐。

# 藍莓瑪芬 Blueberry Muffins

## 材料（12份）

| | |
|---|---|
| 麵粉 1¼ 杯 | |
| 白糖 ⅓ 杯 | |
| 泡打粉 2 茶匙 | |
| 鹽 ¼ 茶匙 | |
| 雞蛋 2 個 | |
| 溶化的奶油 60 公克 | |
| 牛奶 ¾ 杯 | |
| 香草精 1 茶匙 | |
| 切碎的檸檬皮 1 茶匙 | |
| 新鮮的藍莓 1 杯 | |

① 烤箱預熱至 200℃。

② 在有 12 個烤杯的瑪芬鍋塗上油或使用紙襯墊。

③ 在一個碗裏篩入麵粉、白糖、泡打粉和鹽。

④ 另取一個碗，將雞蛋打好，加入溶化的奶油、牛奶、香草精以及檸檬皮，攪拌。

⑤ 在步驟 3 中間挖出一個洞，將步驟 4 倒進去，用一把大的金屬抹刀攪拌到剛剛變濕就好，不要完全拌勻。

⑥ 將藍莓加入。

⑦ 用勺子將麵糊舀到杯子裏，不要盛太滿，給瑪芬留下膨脹的空間。

⑧ 烤 20～25 分鐘，直到輕輕碰其頂部時它會反彈，取出之前先留在鍋裏冷卻 5 分鐘。

# 蘋果蔓越莓瑪芬 Apple Cranberry Muffins

## 材　料（12份）

| |
|---|
| 奶油或乳瑪琳60公克 |
| 雞蛋1個 |
| 白糖½杯 |
| 大橘子的皮1個，切碎 |
| 新鮮的橘子汁½杯 |
| 麵粉1杯 |
| 泡打粉1茶匙 |
| 小蘇打½茶匙 |
| 肉桂末1茶匙 |
| 切碎的肉豆蔻½茶匙 |
| 五香粉½茶匙 |
| 薑末¼茶匙 |
| 鹽¼茶匙 |
| 蘋果1～2個 |
| 蔓越莓1杯 |
| 碎核桃仁½杯 |
| 用來撒在糕點上的糖粉 |

❶ 將烤箱預熱至180℃，將一張有12個烤杯的瑪芬鍋塗上油或使用紙襯墊。

❷ 用低溫將奶油或乳瑪琳溶化，然後放在一旁冷卻。

❸ 把雞蛋放入攪拌盆中，輕輕攪拌，放入步驟2調勻。

❹ 加入白糖、橘子皮和橘子汁，攪拌均勻，放到一邊備用。

❺ 取一個大碗，將麵粉、泡打粉、蘇打粉、肉桂末、肉豆蔻、五香粉、薑末和鹽放進去，放在一旁備用。

❻ 將蘋果切成四份、去核、去皮，用一把鋒利的刀將蘋果切成丁，盛滿1¼杯。

❼ 在步驟5中間挖出一個洞，將步驟4倒進去，用湯匙攪拌，大致混合就可以了。

❽ 加入蘋果、蔓越莓、核桃仁，攪拌均勻。

❾ 將調好的麵糊倒入杯中3/4滿。烤25～30分鐘，直到輕輕碰其頂部時它會反彈，拿到烤架上冷卻，如果喜歡可以撒上糖粉。

# 巧克力片瑪芬 Chocolate Chip Muffins

| 材料<br>（10份） | 奶油或乳瑪琳125公克 | 低筋麵粉1½杯 |
|---|---|---|
| | 砂糖⅓杯 | 泡打粉1茶匙 |
| | 黑糖2湯匙 | 牛奶½杯 |
| | 雞蛋2個，置於室溫下 | 半甜的巧克力片1杯 |

①烤箱預熱至190℃，在一張有10個烤杯的瑪芬鍋塗上油或使用紙襯墊。

②用電動攪拌器，將奶油或乳瑪琳溶化，加入糖，繼續攪拌，直到變得顏色較淡並出現泡沫，加入雞蛋（每次一個）。

③將麵粉和泡打粉一起篩兩遍，拌入步驟2，期間緩慢倒入牛奶。

④將步驟3的材料分成一半填入各個杯子中，在上面撒上一些巧克力片，然後再倒上一匙麵糊。為了保證均勻受熱，在空杯子裏也要裝上半杯水。

⑤烤25分鐘左右，直到稍稍變黃，取出之前先在烤杯中冷卻5分鐘。

# 巧克力核桃瑪芬 Chocolate Walnut Muffins

| 材料<br>（12份） | 無鹽奶油190公克 | 雞蛋4個 |
|---|---|---|
| | 半甜巧克力115公克 | 香草精1茶匙 |
| | 無糖巧克力30公克 | 杏仁粉¼茶匙 |
| | 砂糖1杯 | 麵粉¾杯 |
| | 黑糖¼杯 | 切碎的核桃仁1杯 |

①烤箱預熱至180℃，在一張有12個烤杯的瑪芬鍋塗上油或使用紙襯墊。

②將奶油和兩種巧克力隔水加熱溶化，然後倒進一個大的攪拌盆裏。

③將兩種糖拌入步驟2中，每次加入1個雞蛋，然後加入香草精和杏仁粉。

④篩入麵粉，攪拌。

⑤放入核桃仁，攪拌。

⑥倒入準備好的杯中，到快滿時即可，烤30～35分鐘，直到把蛋糕測試棒插入中部後取出來是乾淨的為止，在杯中靜置5分鐘，然後放到架子上完全冷卻。

# 葡萄乾胚芽瑪芬 Raisin Bran Muffins

瑪芬&快速麵包

瑪芬

## 材料（15份）

| |
|---|
| 奶油或乳瑪琳60公克 |
| 中筋麵粉⅔杯 |
| 全麥麵粉½杯 |
| 小蘇打1½茶匙 |
| 鹽⅛茶匙 |
| 肉桂末1茶匙 |
| 胚芽½杯 |
| 葡萄乾½杯 |
| 黑糖⅓杯 |
| 砂糖¼杯 |
| 雞蛋1個 |
| 酸奶1杯 |
| 檸檬汁½杯 |

❶ 烤箱預熱至200℃，在一張有15個烤杯的瑪芬鍋塗上油或使用紙襯墊。

❷ 將奶油或乳瑪琳放入燉鍋中，用小火溶化，放到一邊備用。

❸ 在攪拌盆裏篩入中筋麵粉、全麥麵粉、蘇打粉、鹽和肉桂末。

❹ 加入胚芽、葡萄乾、糖，攪拌均勻。

❺ 另取一個碗，將雞蛋、酸奶、檸檬汁和溶化的奶油一起攪拌。

❻ 將步驟5倒到步驟4中，迅速輕輕攪拌，直到濕潤，不要過度攪拌。

❼ 用湯匙將麵糊舀到準備好的瑪芬杯中，幾乎填滿即可，將未填麵糊的空杯裏倒一半水。

❽ 烤15～20分鐘，直到呈現金黃色，可以趁熱吃，也可以等冷卻以後吃。

# 覆盆子瑪芬 Raspberry Crumble Muffins

## 材 料（12份）

| | |
|---|---|
| 麵粉 1½ 杯 | |
| 砂糖 ¼ 杯 | |
| 紅糖 ¼ 杯 | |
| 泡打粉 2 茶匙 | |
| 鹽 ⅛ 茶匙 | |
| 肉桂末 1 茶匙 | |
| 溶化的奶油 125 公克 | |
| 雞蛋 1 個 | |
| 牛奶 ½ 杯 | |
| 新鮮覆盆子 1¼ 杯 | |
| 檸檬的皮 1 個，切碎 | |
| **製作上層麵糊的配料：** | |
| 切碎的山核桃 ¼ 杯 | |
| 黑糖 ¼ 杯 | |
| 麵粉 3 湯匙 | |
| 肉桂末 1 茶匙 | |
| 溶化的奶油 45 公克 | |

❶ 烤箱預熱至 180℃，將一張有 12 個杯的瑪芬鍋塗上油或使用紙襯墊。

❷ 在碗中篩入麵粉，加入糖、泡打粉、鹽和肉桂末，攪拌在一起。

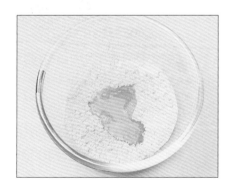

❸ 在中間挖一個洞，放入奶油、雞蛋和牛奶，調到剛好混合，拌入覆盆子和檸檬皮，用湯匙把麵糊舀到準備好的瑪芬杯中，裝到快滿為止。

❹ **製作上層麵糊：** 將山核桃仁、砂糖、麵粉和肉桂末放到碗中，混合，拌入溶化的奶油，攪拌均勻。

❺ 用湯匙舀一些步驟 4，倒在每個瑪芬上，烤 25 分鐘左右，直到變成褐色，放到架子上稍稍冷卻，趁熱食用。

# 胡蘿蔔瑪芬 Carrot Muffins

**材料**
（12份）

乳瑪琳 190 公克
黑糖 ½ 杯
雞蛋 1 個，置於室溫下
水 1 湯匙
切碎的胡蘿蔔 2 杯
麵粉 1¼ 杯

泡打粉 1 茶匙
小蘇打 ½ 茶匙
肉桂末 1 茶匙
切碎的肉豆蔻 ¼ 茶匙
鹽 ½ 茶匙

① 烤箱預熱至 180℃，將一張有 12 個烤杯的瑪芬鍋塗上油或使用紙襯墊。

② 用電動攪拌器，將乳瑪琳和糖一起打到顏色較淡並出現泡沫，加入雞蛋和水。

③ 拌入胡蘿蔔。

④ 篩入麵粉、泡打粉、小蘇打、肉桂末、肉豆蔻和鹽，攪拌均勻。

⑤ 用湯匙把麵糊舀到準備好的瑪芬杯中，裝到快滿為止，烤大約 30 分鐘，直到輕輕觸摸其頂部時會反彈，在杯中留 10 分鐘，然後取到架子上冷卻。

# 櫻桃瑪芬 Dried Cherry Muffins

**材料**
（16份）

原味優格 1 杯
乾櫻桃 1 杯
奶油 125 公克
白糖 ¾ 杯
雞蛋 2 個，置於室溫下

香草精 1 茶匙
麵粉 1¾ 杯
泡打粉 2 茶匙
小蘇打 1 茶匙
鹽 ⅛ 茶匙

① 把優格和櫻桃放在攪拌碗裏混合，蓋上蓋子，醃 30 分鐘。

② 烤箱預熱至 180℃，將 16 個瑪芬杯塗上油或使用紙襯墊。

③ 用電動攪拌器，將奶油和糖一起打到顏色較淡並出現泡沫。

④ 每次拌入 1 個雞蛋，加入以後用力拌勻，放入香草精和步驟 1 攪拌均勻，放在一旁。

⑤ 另取一個碗，篩入麵粉、泡打粉、小蘇打、鹽，然後分 3 次拌入步驟 4，不要過度攪拌。

⑥ 將麵糊盛進準備好的杯子內，盛 ⅔ 滿。為了保證均勻受熱，在空杯子裏也要裝上半杯水，烤大約 20 分鐘，直到輕輕觸摸其頂部時會反彈，然後放到架子上冷卻。

# 燕麥酸奶瑪芬 Oatmeal Buttermilk Muffins

## 材 料（12份）

- 燕麥片 1 杯
- 酸奶 1 杯
- 奶油 125 公克
- 黑糖 ½ 杯
- 雞蛋 1 個，置於室溫下
- 麵粉 1 杯
- 泡打粉 1 茶匙
- 蘇打粉 ½ 茶匙
- 鹽 ¼ 茶匙
- 葡萄乾 ¼ 杯

**烹飪提示**

如果沒有酸奶，可以在每杯牛奶裏加入一茶匙檸檬汁或者醋。讓混合物放幾分鐘，別去碰它。

❶ 將燕麥片和酸奶放入一個碗中，攪拌，浸漬 1 小時。

❷ 在一張 12 個烤杯的瑪芬鍋塗上油或使用紙襯墊。

❸ 將烤箱預熱至 200 ℃，用電動攪拌器，將奶油和糖一起打到顏色較淡並出現泡沫，拌入雞蛋。

❹ 另取一個碗，篩入麵粉、泡打粉、蘇打粉和鹽，將步驟 3 和步驟 1 輪流加入，再加入葡萄乾，不要過度混合。

❺ 麵糊盛入準備好的杯子內，盛 ⅔ 滿，烤 20 ～ 25 分鐘，直到把蛋糕測試棒插入中部後取出來是乾淨的爲止，最後放到架子上冷卻。

# 南瓜瑪芬 Pumpkin Muffins

## 材 料（14份）

- 奶油或乳瑪琳 125 公克
- 黑糖 ¾ 杯
- 糖漿 ⅓ 杯
- 打好的雞蛋 1 個，置於室溫下
- 225 公克煮熟的或罐裝的南瓜
- 麵粉 1¾ 杯
- 鹽 ¼ 茶匙
- 蘇打粉 1 茶匙
- 肉桂末 1½ 茶匙
- 絞碎的肉豆蔻 1 茶匙
- 無核葡萄乾或葡萄乾 ¼ 杯

❶ 烤箱預熱至 200 ℃，在 14 個瑪芬杯塗上油或使用紙襯墊。

❷ 用電動攪拌器將奶油或乳瑪琳打到軟化，加入糖和糖漿繼續攪拌，直到顏色較淡並出現泡沫。

❸ 加入雞蛋和南瓜，完全攪拌均勻。

❹ 篩入麵粉、鹽、蘇打粉、肉桂末和肉豆蔻，大致調和就可以了，不要攪拌過度。

❺ 加入無核葡萄乾或葡萄乾。

❻ 用勺子將麵糊舀到準備好的瑪芬杯中，盛到 3/4 滿。

❼ 烤 12 ～ 15 分鐘，直到輕輕觸摸其頂部時它會反彈，趁熱或等冷卻後食用均可。

# 黑棗瑪芬 Prune Muffins

**材料**
（12份）

| | |
|---|---|
| 雞蛋1個 | 麵粉2杯 |
| 牛奶1杯 | 泡打粉2茶匙 |
| 植物油¼杯 | 鹽½茶匙 |
| 砂糖¼杯 | 絞碎的肉豆蔻¼茶匙 |
| 黑糖2湯匙 | 去核的黑棗¾杯，切碎 |

❶ 烤箱預熱至200℃。在12個瑪芬杯塗上油或使用紙襯墊。

❷ 把雞蛋打到一個攪拌碗內，用打蛋器攪拌。拌入牛奶和油。

❸ 拌入糖，放到一旁。

❹ 將麵粉、泡打粉、鹽和肉豆蔻篩到攪拌碗內，中間挖出一個洞，倒入步驟3，攪拌直到變得滑順，不要過度攪拌，麵糊應該有點結塊。

❺ 拌入黑棗。

❻ 將麵糊盛入準備好的杯子內，盛⅔滿，烤20分鐘左右，直到變成黃褐色，取出來之前先放10分鐘，可以趁熱或等冷卻後食用。

# 蜂蜜優格瑪芬 Yogurt Honey Muffins

**材料**
（12份）

| | |
|---|---|
| 奶油60公克 | 新鮮檸檬汁¼杯 |
| 稀釋蜂蜜5湯匙 | 中筋麵粉1杯 |
| 原味優格1杯 | 全麥麵粉1杯 |
| 大雞蛋1個，置於室溫下 | 蘇打粉1½茶匙 |
| 檸檬的皮1個，切碎 | 絞碎的肉豆蔻⅛茶匙 |

❶ 烤箱預熱至190℃，在一張有12個烤杯的瑪芬鍋塗上油或使用紙襯墊。

❷ 將奶油和蜂蜜放入燉鍋中溶化，切掉熱源，放到一旁稍稍冷卻。

❸ 將優格、雞蛋、檸檬皮和檸檬汁放入碗中一起攪拌，加入步驟2，放在一邊備用。

❹ 另取一個碗，將乾配料一起篩入。

❺ 將步驟4拌入步驟3中，剛好混合就行。

❻ 將麵糊舀到準備好的瑪芬杯中，盛到⅔滿，烤20～25分鐘，直到輕輕觸摸其頂部時它會反彈，取出之前先留在鍋中冷卻5分鐘。趁熱或等冷卻後食用均可。

---

**參考做法**

要做核桃蜂蜜優格瑪芬，加½杯碎核桃仁，和麵粉一起拌入。這樣可以做出口感更結實的瑪芬。

# 香蕉瑪芬 Banana Muffins

瑪芬&快速麵包

瑪芬

## 材料（10份）

| 材料 |
| --- |
| 麵粉 2 杯 |
| 泡打粉 1 茶匙 |
| 蘇打粉 1 茶匙 |
| 鹽 ¼ 茶匙 |
| 肉桂末 ½ 茶匙 |
| 切碎的肉豆蔻 ¼ 茶匙 |
| 大的熟香蕉 3 個 |
| 雞蛋 1 個 |
| 黑糖 ⅓ 杯 |
| 植物油 ¼ 杯 |
| 葡萄乾 ¼ 杯 |

1 將烤箱預熱至 190℃。

2 將 10 個瑪芬杯塗上油或使用紙襯墊。

3 篩入麵粉、泡打粉、蘇打粉、鹽、肉豆蔻和肉桂末，放到一邊。

4 用電動攪拌器，以適中的速度將剝了皮的香蕉攪拌成泥。

5 加入雞蛋、糖和油。

6 將所有材料混合，然後緩緩攪拌到稍微混合就可以了，用木勺子拌入葡萄乾。

7 將麵糊舀到準備好的瑪芬杯中，盛到 ⅔ 滿。為了保證均勻受熱，在空杯子裏也要裝半杯水。

8 烤 20～25 分鐘，直到輕輕觸摸其頂部時它會反彈。

9 最後放到架子上冷卻。

# 楓糖山核桃瑪芬 Maple Pecan Muffins

## 材料 (20份)

| | |
|---|---|
| 山核桃 1¼ 杯 | |
| 麵粉 2½ 杯 | |
| 泡打粉 1 茶匙 | |
| 蘇打粉 1 茶匙 | |
| 鹽 ¼ 茶匙 | |
| 肉桂末 ¼ 茶匙 | |
| 砂糖 ½ 杯 | |
| 紅糖 ⅓ 杯 | |
| 楓糖 3 湯匙 | |
| 奶油 170 公克 | |
| 雞蛋 3 個,置於室溫下 | |
| 酸奶 1¼ 杯 | |
| 一半的山核桃 60 個,用於裝飾 | |

① 用將烤箱預熱至 180℃,在兩張有 12 個烤杯的瑪芬鍋塗上油或使用紙襯墊。

② 將山核桃鋪在餅乾烤盤上,在烤箱裏烤 5 分鐘,冷卻之後切碎,放在一邊。

### 參考做法

做山核桃香料瑪芬時,用等量的糖漿代替楓糖。將肉桂的數量增加到 ½ 茶匙,並添加 1 茶匙的薑末和 ½ 茶匙絞碎的肉豆蔻,和麵粉以及其他的乾配料一起篩。

③ 取一個碗,篩入麵粉、泡打粉、蘇打粉、鹽和肉桂,放到一邊。

④ 取一個大的攪拌碗,把砂糖、紅糖、楓糖和奶油混合起來,用電動攪拌器打到顏色較淡並出現泡沫。

⑤ 每次打進 1 個雞蛋,每次加入以後使勁攪拌均勻。

⑥ 將一半的酸奶和一半乾配料倒入奶油混合物,攪拌到混合,繼續倒入剩下的酸奶和乾配料,攪拌。加入切碎的山核桃仁。

⑦ 將麵糊舀到準備好的瑪芬杯中,盛到 ⅔ 滿。在上面擺上半個山核桃,爲了保證均勻受熱,在空杯子裏也要裝上半杯水。

⑧ 烤 20 ~ 25 分鐘,直到膨脹起來並成爲金黃色,取出之前先在杯中放 5 分鐘,待其冷卻。

# 乳酪瑪芬 Cheese Muffins

## 材料（9份）

| | |
|---|---|
| 奶油60公克 | |
| 麵粉1½杯 | |
| 泡打粉2茶匙 | |
| 白糖2湯匙 | |
| 鹽¼茶匙 | |
| 辣椒粉1茶匙 | |
| 雞蛋2個 | |
| 牛奶½杯 | |
| 乾百里香1茶匙 | |
| 切達乳酪55公克，切成1cm的小丁 | |

❶ 烤箱預熱至190℃，將有9個烤杯的瑪芬鍋塗上油或使用紙襯墊。

❷ 將奶油溶化，放到一旁待用。

❸ 將麵粉、泡打粉、白糖、鹽和辣椒粉篩到一個攪拌碗內。

❹ 另取一個碗，將雞蛋、牛奶、溶化的奶油和百里香倒入，攪拌使之混合。

❺ 在步驟3中加入步驟4，攪拌到剛剛濕潤，不要過度攪拌。

❻ 將滿滿一匙的麵糊倒入準備好的杯中，每個杯子裏撒上幾片乳酪，在上面倒上一匙麵糊，爲了確保均勻受熱，在空的烤杯裏也要裝上半杯水。

❼ 烤25分鐘左右，直到麵糰膨脹並變成金黃色，先在杯中留5分鐘，然後取出來放到架子上，溫熱時吃或冷卻之後吃都可以。

# 培根瑪芬 Bacon Cornmeal Muffins

## 材 料（14份）

培根8片
奶油60公克
乳瑪琳60公克
麵粉1杯
泡打粉1湯匙
白糖1茶匙
玉米粉1½杯
牛奶1杯
雞蛋2個
鹽¼茶匙

❶ 烤箱預熱至200℃，在一張
有14個烤杯的瑪芬鍋塗上油
或使用紙襯墊。

❷ 將培根煎脆，放到紙巾上把
水分吸掉，然後切成小塊，
放到一旁備用。

❸ 將奶油和乳瑪琳慢慢溶化，
放到一邊。

❹ 將麵粉、泡打粉、白糖和鹽
篩到一個大攪拌碗內，加入
玉米粉，在中間挖出一個
洞。

❺ 用燉鍋將牛奶加熱到微溫，在一
個小碗裏打入雞蛋，輕輕打散，
倒入牛奶中，加入步驟3。

❻ 將步驟5倒入留好的洞中，攪拌
直到完全混合。

❼ 加入培根。

❽ 用湯匙將麵糊舀到準備好的瑪芬
杯中，盛到半滿，烤大約20分
鐘，直到開始膨脹並微微著色，
趁熱吃或等冷卻一會後吃均可。

77

# 玉米吐司 Corn Bread

**材料** (1條)

| | |
|---|---|
| 麵粉 1 杯 | 牛奶 1½ 杯 |
| 白糖 ⅓ 杯 | 雞蛋 2 個 |
| 鹽 1 茶匙 | 溶化的奶油 90 公克 |
| 玉米粉 1½ 杯 | 溶化的乳瑪琳 120 公克 |
| 泡打粉 1 湯匙 | |

❶ 烤箱預熱至 200℃，用蠟紙和油將一個 23 × 13 ㎝ 的烤盤底部和四周圍起來。

❷ 將麵粉、白糖、鹽和泡打粉篩到一個攪拌碗內。

❸ 加入玉米粉，攪拌，在中間挖出一個洞。

❹ 混合攪拌牛奶、雞蛋、奶油和乳瑪琳，再倒入步驟 3 中，攪勻即可，不要過度攪拌。

❺ 將麵糊倒到烤盤裏，烤 45 分鐘左右，直到把蛋糕測試棒插進中間後取出來是乾淨的為止，熱的時候和冷卻置於室溫下後吃均可。

# 墨西哥玉米麵包 Tex-Mex Corn Bread

**材料** (9份)

完整的罐裝辣椒 3～4 個，把水瀝乾
雞蛋 2 個
酸奶 2 杯
溶化的奶油 60 公克
麵粉 ½ 杯
小蘇打 1 茶匙
鹽 2 茶匙
玉米粉 1½ 杯
玉米粒 2 杯

❶ 烤箱預熱至 200℃，用蠟紙和少許油將一個 23 × 23 ㎝ 正方形烤盤的底部和四周圍起來。

❷ 用鋒利的刀將辣椒切成細丁，放到一旁。

❸ 取一個大碗，將雞蛋打到起泡，加入酸奶，與溶化的奶油。

❹ 用一個大碗，篩入麵粉、小蘇打、鹽，分 3 次加入步驟 3，然後分 3 次加入玉米粉。

❺ 加入辣椒丁和玉米粒。

❻ 將麵糊倒到準備好的烤盤裏，烤 25～30 分鐘，直到把插在中間的蛋糕測試棒取出來後是乾淨的為止，放 2～3 分鐘，取出來，切成方塊，趁溫熱食用。

# 蔓越莓橘味吐司 Cranberry Orange Bread

瑪芬 & 快速麵包

快速麵包

## 材料 (1條)

| | |
|---|---|
| 麵粉 2 杯 | |
| 白糖 ½ 杯 | |
| 泡打粉 1 湯匙 | |
| 鹽 ½ 茶匙 | |
| 大橘子的皮 1 個，切碎 | |
| 新鮮的橘子汁 ⅔ 杯 | |
| 稍稍打散的雞蛋 2 個 | |
| 溶化的奶油或乳瑪琳 90 公克 | |
| 新鮮的蔓越莓 1¼ 杯 | |
| 切碎的核桃仁 ½ 杯 | |

1. 將烤箱預熱至 180℃，用蠟紙和油將一個 23 × 13 ㎝烤盤底部和四周圍起來。

2. 將麵粉、白糖、泡打粉和鹽篩到攪拌碗內。

3. 加入橘子皮。

4. 在中間挖出一個洞，加入橘子汁、雞蛋，以及溶化的奶油或乳瑪琳，從中間開始攪拌，直到混合在一起，不要過度攪拌。

5. 加入蔓越莓和核桃，攪拌均勻。

6. 將麵糊倒到準備好的鍋裏，烤 45 ～ 50 分鐘，直到插在中間的蛋糕測試棒取出來是乾淨的為止。

7. 先在烤盤中冷卻 10 分鐘，然後放到架子上使其完全冷卻，切成薄片，可以塗上奶油、奶酪和果醬食用。

# 棗仁吐司 Date-Nut Bread

## 材 料 (1條)

| |
|---|
| 去核的棗子1杯,切碎 |
| 開水 ¾ 杯 |
| 無鹽奶油60公克 |
| 黑糖 ¼ 杯 |
| 砂糖 ¼ 杯 |
| 雞蛋1個,置於室溫下 |
| 白蘭地2湯匙 |
| 麵粉 1⅓ 杯 |
| 泡打粉2茶匙 |
| 鹽 ½ 茶匙 |
| 新鮮肉豆蔻 ¾ 茶匙,切碎 |
| 剁碎的山核桃仁 ¾ 杯 |

❶ 把棗子放到一個碗中,倒入開水,放到一旁冷卻。

❷ 將烤箱預熱至180℃,用蠟紙和油將一個23×13㎝的烤盤底部和四周圍起來。

❸ 用電動攪拌器,將奶油和糖一起打到顏色較淡並出現泡沫,加入雞蛋和白蘭地,放到一旁。

❹ 將麵粉、泡打粉、鹽和肉豆蔻一起篩3次。

❺ 將步驟4分3次拌入步驟3裏,加入棗子和水。

❻ 加入山核桃仁。

❼ 將麵糊倒到準備好的烤盤裏,烤45～50分鐘,直到插在中間的蛋糕測試棒取出來後是乾淨的為止。先在烤盤中冷卻10分鐘,然後放到架子上完全冷卻。

# 橘子蜂蜜吐司 Orange Honey Bread

**材料**
（1條）

麵粉 2½ 杯
泡打粉 2½ 茶匙
蘇打粉 ½ 茶匙
鹽 ½ 茶匙
乳瑪琳 30 公克
蜂蜜 1 杯
雞蛋 1 個，輕輕打散，置於室溫下
切碎的橘子皮 1½ 湯匙
新榨的橘子汁 ¾ 杯
切碎的核桃仁 ¾ 杯

1. 烤箱預熱到 160℃。
2. 將麵粉、泡打粉、蘇打粉和鹽一起篩。
3. 用蠟紙和油將一個 23 × 13 cm的烤盤底部和四周圍起來。
4. 用電動攪拌器，將乳瑪琳打軟，加入蜂蜜混合，然後加入雞蛋、檸檬皮，攪拌至完全混合。
5. 將步驟 2 分 3 批加入步驟 4，倒入橘子汁，拌入核桃仁。
6. 將麵糊倒進烤盤裏，烤 60～70 分鐘，直到插在中間的蛋糕測試棒取出來後是乾淨的爲止，先在烤盤中冷卻 10 分鐘，然後取出來放到架子上冷卻。



# 蘋果醬吐司 Applesauce Bread

**材料**
（1條）

雞蛋 1 個
蘋果醬 1 杯
溶化的奶油或乳瑪琳 60 公克
黑糖 ½ 杯
砂糖 ¼ 杯
麵粉 2 杯
泡打粉 2 茶匙
蘇打粉 ½ 茶匙
鹽 ½ 茶匙
肉桂末 1 茶匙
絞碎的肉豆蔻 ½ 茶匙
無核葡萄乾或葡萄乾 ½ 杯
切碎的山核桃仁 ½ 杯

1. 烤箱預熱至 180℃，用蠟紙和油將一個 23 × 13 cm的烤盤底部和四周圍起來。
2. 將雞蛋打入碗中，輕輕打散，加入蘋果醬、奶油或乳瑪琳、還有兩種糖，放在一邊。
3. 另取一個碗，將麵粉、泡打粉、蘇打粉、鹽、肉桂和肉豆蔻一起篩入，分 3 次加入步驟 2。
4. 加入無核葡萄乾或葡萄乾，以及山核桃仁。
5. 將麵糊倒進準備好的烤盤裏，烤 1 小時左右，直到插在中間的蛋糕測試棒取出來後是乾淨的爲止。先在烤盤中冷卻 10 分鐘，然後取出來放到架子上冷卻。

# 檸檬核桃吐司 Lemon Walnut Bread

瑪芬&快速麵包

快速麵包

## 材料 (1條)

奶油或乳瑪琳125公克

白糖 ½ 杯

雞蛋 2 個，置於室溫下

檸檬的皮 2 個，切碎

新鮮檸檬汁 2 湯匙

低筋麵粉 1½ 杯

泡打粉 2 茶匙

牛奶 ½ 杯

切碎的核桃 ½ 杯

鹽 ⅛ 茶匙

① 烤箱預熱至 180℃，用蠟紙和
油將一個 23 × 13 cm 的烤盤底
部和四周圍起來。

② 用電動攪拌器，攪拌奶油或乳瑪
琳和糖直到顏色變淡並出現泡
沫。

③ 加入蛋黃。

④ 加入檸檬皮和果汁，攪拌均勻。
放到一邊備用。

⑤ 另取一個碗，將麵粉和泡打粉一
起篩 3 次，再分 3 次加入步驟
4，其間拌入牛奶，再拌入核桃
仁，放到一旁。

⑥ 將蛋白和鹽一起打，直到開始起
泡，加入步驟 5，小心地加入剩
下的蛋白，稍稍混合即可。

⑦ 將麵糊倒進準備好的烤盤裏，烤
45 ～ 50 分鐘，直到插在中間的
蛋糕測試棒取出來後是乾淨的爲
止，先在烤盤中放 5 分鐘，然後
取出來放到架子上完全冷卻。

# 杏仁吐司 Apricot Nut Loaf

## 材 料 (1條)

乾杏仁 ¾ 杯
大橘子 1個
葡萄乾 ½ 杯
白糖 ⅔ 杯
油 ⅓ 杯
輕輕打散的雞蛋 2個
麵粉 2¼ 杯
泡打粉 2茶匙
鹽 ½ 茶匙
蘇打粉 1茶匙
切碎的核桃仁 ½ 杯

① 烤箱預熱至180℃，用蠟紙和油將一個23×13㎝的烤盤底部和四周圍起來。

② 把杏仁放進一個碗裏，加入溫水將其淹沒，放30分鐘。

③ 用刨刀將橘子皮削掉，去籽。

④ 用鋒利的刀將橘子皮細細剁碎。

⑤ 將杏仁的水瀝乾、切碎，和橘子皮、葡萄乾放到一個碗內，放到一旁。

⑥ 搾橘子汁，加入足夠的開水成3/4杯。

⑦ 將步驟6倒在步驟5上，加入白糖、油、雞蛋，放到一邊。

⑧ 另拿一個碗，將麵粉、泡打粉、鹽以及蘇打粉一起篩入，分3次加入步驟7。

⑨ 拌入核桃仁。

⑩ 將麵糊倒進準備好的烤盤裏，烤55～60分鐘，直到插在中間的蛋糕測試棒取出來後是乾淨的為止。如果麵包焦得太快，用一層錫箔紙將它包起來，先在烤盤中放10分鐘，然後取出來放到架子上完全冷卻。

# 芒果吐司 Mango Bread

**材料**
（2條）

| | |
|---|---|
| 麵粉2杯 | 白糖1½杯 |
| 蘇打粉2茶匙 | 植物油½杯 |
| 肉桂末2茶匙 | 切碎的熟芒果2杯 |
| 鹽½茶匙 | （大約2～3個芒果） |
| 乳瑪琳125公克 | 椰絲¾杯 |
| 雞蛋3個，置於室溫下 | 葡萄乾½杯 |

① 烤箱預熱至180℃，用蠟紙和油圍起23×13 cm的烤盤底部和四周。

② 將麵粉、小蘇打、肉桂和鹽一起篩好，放在一旁。

③ 用電動攪拌器，將乳瑪琳打軟。

④ 加入雞蛋和白糖，打到顏色較淡並出現泡沫，再加入植物油。

⑤ 將步驟2分3批加入奶油。

⑥ 加入芒果、½杯椰絲、葡萄乾等。

⑦ 用湯匙將麵糊舀到烤盤裏。

⑧ 撒上餘下的椰絲，烤50～60分鐘，直到插在中間的蛋糕測試棒取出來後是乾淨的為止，先在烤盤中留10分鐘，然後取出來，放到架子上完全冷卻。

# 胡瓜吐司 Zucchinio Bread

**材料**
（1條）

| | |
|---|---|
| 奶油60公克 | 泡打粉1茶匙 |
| 雞蛋3個 | 鹽1茶匙 |
| 玉米油1杯 | 肉桂末1茶匙 |
| 白糖1½杯 | 絞碎的肉豆蔻1茶匙 |
| 切碎的去皮胡瓜2杯 | 丁香粉¼茶匙 |
| 麵粉2杯 | 切碎的核桃仁1杯 |
| 蘇打粉2茶匙 | |

① 烤箱預熱至180℃，用蠟紙和油圍起23×13 cm的烤盤底部和四周。

② 把奶油放入燉鍋中，用低溫溶化，放到一旁備用。

③ 用電子攪拌器將雞蛋和油一起攪拌到黏稠，加入白糖、溶化的奶油和節瓜，放在一邊。

④ 另用一個碗，將所有的乾配料一起篩3遍，小心地拌到步驟3中，再加入核桃仁。

⑤ 將麵糊倒進烤盤裏，烤60～70分鐘，直到插在中間的蛋糕測試棒取出來後是乾淨的為止，先在烤盤中放10分鐘，然後取出。

# 全麥香蕉果仁吐司 Whole-Wheat Banana Nut Bread

瑪芬&快速麵包

快速麵包

## 材料（1條）

| |
|---|
| 奶油 125 公克 |
| 砂糖 ½ 杯 |
| 雞蛋 2 個，置於室溫下 |
| 中筋麵粉 1 杯 |
| 蘇打粉 1 茶匙 |
| 鹽 ¼ 茶匙 |
| 肉桂末 1 茶匙 |
| 全麥麵粉 ½ 杯 |
| 大的熟香蕉 3 根 |
| 香草精 1 茶匙 |
| 切碎的山核桃仁 ½ 杯 |

**1** 烤箱預熱至 180℃，用蠟紙和油將一個 23×13 cm 的烤盤底部和四周圍起來。

**2** 用電動攪拌器，將奶油和糖一起打到顏色較淡並出現泡沫。

**3** 每次加入 1 個雞蛋，每次加後都用力攪勻。

**4** 將中筋麵粉、蘇打粉、鹽和肉桂末篩到奶油混合物上，攪拌使它們混合。

**5** 加入全麥麵粉。

**6** 用叉子將香蕉搗成泥，再加入麵糊中，加入香草精和山核桃仁。

**7** 將麵糊倒進準備好的烤盤中，均勻鋪開。

**8** 烤 50～60 分鐘，直到插在中間的蛋糕測試棒取出來後是乾淨的為止，先在烤盤中放 10 分鐘，然後取出來放到架子上冷卻。

# 乾果吐司 Dried Fruit Bread

## 材料 (1條)

混合的乾果，如無核葡萄乾、葡萄
乾、切碎的乾杏仁和櫻桃乾共 2½ 杯

冷濃茶 1¼ 杯

黑糖 1 杯

小橘子的皮和汁 1 個，果皮切碎

檸檬的皮和汁 1 個，果皮切碎

輕輕打散的雞蛋 1 個

麵粉 1¾ 杯

泡打粉 1 湯匙

鹽 ⅛ 茶匙

❶ 將所有的水果乾放到一個碗
裏，倒入茶，泡一夜。

❷ 烤箱預熱至 180℃，用蠟紙
和油將一個 23 × 13 ㎝ 的烤
盤底部和四周圍起來。

❸ 將水果乾的水濾乾，液體不
要倒掉，把糖、橘子皮、檸
檬皮和水果乾放入碗中攪拌
混合。

❹ 將橘子汁和檸檬汁倒入量杯中，
如果裝不滿 1 杯，用液體補足。

❺ 將橘子汁和雞蛋加入步驟 3。另
拿一個碗，將麵粉、泡打粉、鹽
一起篩入，加入步驟 3 混合。

❻ 將麵糊倒進準備好的烤盤裏，烤
大約 75 分鐘，直到插在中間的
蛋糕測試棒取出來後是乾淨的為
止，先在烤盤中放 10 分鐘，然
後取出。

# 藍莓糖粉奶油麵包 Blueberry Streusel Bread

瑪芬&快速麵包

快速麵包

## 材料 (8份)

| | |
|---|---|
| 奶油或乳瑪琳 60 公克 | |
| 白糖 ¾ 杯 | |
| 雞蛋 1 個，置於室溫下 | |
| 牛奶 ½ 杯 | |
| 麵粉 2 杯 | |
| 泡打粉 2 茶匙 | |
| 鹽 ½ 茶匙 | |
| 新鮮藍莓 2 杯 | |

**製作上層麵糊的配料：**

| | |
|---|---|
| 白糖 ½ 杯 | |
| 肉桂末 ½ 茶匙 | |
| 奶油 60 公克，切成片 | |
| 麵粉 ⅓ 杯 | |

❶ 烤箱預熱至 190℃，將一個□寸的方烤盤塗上油。

❷ 用電動攪拌器，將奶油或乳瑪琳和糖一起打到顏色較淡並出現泡沫，加入雞蛋，攪拌均勻，然後拌入牛奶，調勻。

❸ 篩入麵粉、□混合

❹ 加入藍莓，攪拌。

❺ 把麵糰放到烤盤裏。

❻ 做上層麵糊時，將白糖、麵粉、肉桂末和奶油放入攪拌碗裏，用攪拌機攪成粗糙的麵包屑狀。

❼ 將步驟 6 撒在烤盤裏的麵糊上。

❽ 大約烤 45 分鐘，直到插在中間的蛋糕測試棒取出來後是乾淨的。溫熱時或冷卻後食用均可。

# 巧克力核桃吐司 Chocolate Chip Walnut Loaf

## 材料（1條）

| |
| --- |
| 砂糖 ½ 杯 |
| 低筋麵粉 ¾ 杯 |
| 泡打粉 1 茶匙 |
| 太白粉或玉米粉 4 湯匙 |
| 奶油 135 公克 |
| 雞蛋 2 個，置於室溫下 |
| 香草精 1 茶匙 |
| 無核葡萄乾或葡萄乾 2 湯匙 |
| 核桃仁 ¼ 杯，細細切碎 |
| 檸檬皮 ½ 個，切碎 |
| 半甜巧克力片 ¼ 杯 |
| 用來撒在糕點上的糖粉 |

❸ 將低筋麵⋯⋯
玉米粉一起⋯⋯

❹ 用電動攪拌器將奶⋯⋯
餘下的糖，繼續攪拌⋯⋯
較淡並出現泡沫，每⋯⋯
雞蛋，每次加後都用力攪拌⋯⋯
全混合。

❺ 將乾配料分 3 次輕輕拌入步驟
4，不要攪拌過度。

❻ 拌入香草精、無核葡萄乾或葡萄
乾、核桃仁、檸檬皮和巧克力
片，大致混合即可。

麵糊倒進準備好的鍋裏，烤
⋯⋯ ～ 50 分鐘，直到插在中間的
⋯⋯糕測試棒取出來後是乾淨的為
⋯⋯，先在鍋中放 5 分鐘，然後取
⋯⋯放到架子上完全冷卻，食用前
在上面均勻地撒上一層糖粉。

❶ 烤箱預熱至 180℃，用蠟紙
和油圍起 21 × 11 ㎝ 的烤
盤。

❷ 將 1½ 湯匙的砂糖撒到烤盤
中，將烤盤傾斜，使一層砂
糖均勻散佈在烤盤底和邊
上，抖掉多餘的砂糖。

### 烹飪提示

要取得最佳效果，雞蛋應該置於室
溫下，如果加入奶油混合物時雞蛋
的溫度過低，麵糰可能會散開，如
果出現這種情況，加入一勺麵粉來
幫助穩定。

# 糖霜香蕉吐司 Glazed Banana Spice Loaf

## 材料 (1條)

大的熟香蕉1根
奶油125公克
砂糖 ¾ 杯
雞蛋2個，置於室溫下
麵粉1½ 杯
鹽1茶匙
蘇打粉1茶匙
切碎的肉豆蔻 ½ 茶匙
五香粉 ¼ 茶匙
丁香粉 ¼ 茶匙
酸奶油 ¾ 杯
香草精1茶匙

**製作糖漿的配料：**
糖粉1杯
新鮮檸檬汁1～2湯匙

❶ 烤箱預熱至180℃，用蠟紙和油圍起21×11cm的麵包鍋。

❷ 把香蕉放到碗裏，用叉子搗碎，放在一旁備用。

❸ 用電動攪拌器，將奶油和糖一起打到顏色較淡並出現泡沫，每次加入1個雞蛋，每次加入後都用力攪勻。

❹ 將麵粉、鹽、蘇打粉、肉豆蔻、五香粉和丁香粉一起篩好，放進步驟3中，攪拌均勻。

❺ 加入酸奶油、香蕉泥、香草精，攪拌到正好混合，倒入準備好的鍋中。

❻ 烤45～50分鐘，直到輕輕觸碰其頂部時會反彈爲止，取出之前先在鍋裏冷卻10分鐘。

❼ 製作糖漿時，把糖粉和檸檬汁混合在一起，徹底調勻。

❽ 淋糖漿時，將冷卻的麵包拿到置於烤盤上的架子上，將糖漿淋在麵包上部，然後擱置一會。

# 甜芝麻吐司 Sweet Sesame Loaf

## 材料 (1～2條)

芝麻⅔杯

麵粉2杯

泡打粉2½茶匙

鹽1茶匙

奶油或乳瑪琳60公克

白糖⅔杯

雞蛋2個，置於室溫下

檸檬皮1個，切碎

牛奶1½杯

⑤ 用電動攪拌器，將奶油或乳瑪琳和糖一起打到顏色較淡並出現泡沫，打入雞蛋，然後打入檸檬皮和牛奶。

⑥ 將步驟5倒在乾配料上，用一把大的金屬湯匙攪拌到正好混合。

⑦ 倒入烤盤中，撒上剩下的芝麻。

⑧ 烤1小時左右，直到插在中間的蛋糕測試棒取出來後是乾淨的為止。先在烤盤中放10分鐘，然後取出。

① 烤箱預熱至180℃，用蠟紙和油將一張25×15cm的烤盤圍起來。

② 留下2大湯匙芝麻，將餘下的鋪在烤盤上，烤10分鐘左右，直到微微變焦。

③ 將麵粉、鹽和泡打粉篩入個碗中。

④ 加入烤好的芝麻，放在一邊。

# 全麥司康 Whole-Wheat Scones

## 材 料 （16份）

冷凍奶油190公克
全麥麵粉2杯
中筋麵粉1杯
白糖2湯匙
鹽½茶匙
蘇打粉2½茶匙
雞蛋2個
酸奶¾杯
葡萄乾¼杯

1. 烤箱預熱至200℃，將一張大的餅乾烤盤上抹上油和麵粉。

2. 將奶油切成小片。

3. 將乾配料放入碗中混合，加入奶油，用電動攪拌機加進去，直到變得像粗糙的麵包屑，放到一邊備用。

4. 另用一個碗，將雞蛋和酸奶一起調和，留2大湯匙做糖漿。

5. 將餘下的雞蛋混合物加入乾配料中，變黏稠就行，加入葡萄乾。

6. 將麵糰桿到約2cm厚，用餅乾切割器切成圓圈，放到準備好的烤盤上，刷上糖漿。

7. 烤12～15分鐘，直到顏色變成金黃，食用前可以稍稍冷卻一下，根據個人愛好可以在餅乾還是溫熱的時候用叉子將其分成兩半，塗上奶油和果醬吃。

# 橘子葡萄乾司康 Orange Raisin Scones

## 材 料 （16份）

麵粉2杯
泡打粉1½茶匙
白糖⅓杯
鹽½茶匙
奶油75公克，切成小丁
乳瑪琳75公克，切成小丁
大的橘子皮1個，切碎
葡萄乾⅓杯
酸奶½杯
牛奶，用來刷表面

1. 烤箱預熱至220℃，將一張大的餅乾烤盤上抹上油和麵粉。

2. 將乾配料放入一個大碗中混合，加入奶油和乳瑪琳，用電動攪拌機加進去，直到變成粗糙的麵包屑狀。

3. 加入橘子皮和葡萄乾。

4. 緩緩拌入酸奶，形成一個柔軟的麵糰。

5. 將麵糰桿到約2cm厚，用餅乾切割器切成圓圈。

6. 放到準備好的烤盤上，在正面刷上牛奶。

7. 烤12～15分鐘，直到顏色變成金黃，趁熱或溫熱時食用，吃的時候可以加上奶油或發泡鮮奶油，以及果醬。

### 烹飪提示

要做出蓬鬆柔軟的司康，就要儘量少碰麵糰。你可以等司康冷卻後將其分開，放在預熱好的烤盤上烤，趁熱塗上奶油。

# 酸奶比司吉 Buttermilk Biscuits

**材料**
(15份)

| | |
|---|---|
| 麵粉 1½ 杯 | 蘇打粉 ½ 茶匙 |
| 鹽 1 茶匙 | 冷凍奶油或乳瑪琳 60 公克 |
| 泡打粉 1 茶匙 | 酸奶 ¾ 杯 |

1. 烤箱預熱至 220℃，將一張餅乾烤盤上抹上油。

2. 將乾配料篩入一個碗中，把奶油和乳瑪琳用電動攪拌機加進去，直到變得像粗糙的麵包屑。

3. 把酸奶慢慢倒進去，用叉子攪拌，形成一個柔軟的麵糰。

4. 將麵糰桿成約 1 cm 厚的麵皮。

5. 用餅乾切割器把麵皮切成 5 cm 的厚圓。

6. 放到準備好的烤盤裏，烤 12～15 分鐘，直到顏色變成金黃，溫熱時或置於室溫下冷卻後食用。

# 原味比司吉 Baking Powder Biscuits

**材料**
(8份)

| | |
|---|---|
| 麵粉 1⅓ 杯 | 鹽 ⅛ 茶匙 |
| 白糖 2 湯匙 | 冷凍奶油 75 公克，切成小片 |
| 泡打粉 3 茶匙 | 牛奶 ½ 杯 |

1. 烤箱預熱至 220℃，在一張餅乾烤盤上抹上油。

2. 將麵粉、白糖、泡打粉和鹽篩入一個碗中。

3. 用電動攪拌機將奶油加進去，直到變成粗糙的麵包屑狀。把牛奶倒進去，用叉子攪拌，形成一個柔軟的麵糰。

4. 將麵糰桿成約 0.5 cm 厚的麵皮，用 6 cm 餅乾切割器切成圓圈。

5. 把圓圈放到烤盤上，烤 12 分鐘直到顏色變成金黃，趁熱食用，作正餐吃的時候可夾著奶油，喝茶或喝咖啡時可以沾著奶油和果醬吃。

> **參考做法**
> 做漿果酥餅時，趁餅乾還是溫熱的時候將它分成兩半，給其中的一半塗上奶油，頂部放上加了一點糖的漿果，比如草莓、樹莓或藍莓，再蓋上另一半，可以夾著打發鮮奶油吃。

# 香草空心鬆餅 Herb Popovers

**材料**
（12份）

雞蛋 3 個
牛奶 1 杯
溶化的奶油 30 公克
麵粉 ¾ 杯

鹽 ⅛ 茶匙
新鮮香草 1 小枝，比如細香蔥、龍蒿、蒔蘿和巴西利

① 烤箱預熱至 220℃，將 12 個乳酪蛋糕杯或酥餅杯塗油。

② 用電動攪拌器將雞蛋攪拌均勻，加入牛奶和溶化的奶油。

③ 將麵粉和鹽一同篩好，然後加入步驟 2，完全混合。

④ 將香草葉從莖上剝去，剁細，混合起來，配足 2 大湯匙，將香草葉末拌入麵糊。將麵糊盛入準備好的杯中，盛半滿。

⑤ 烤 25～30 分鐘，直到烤成金黃色，烤的過程中不要打開烤箱門，否則酥餅可能會烤失敗，要烤出更乾的酥餅，可以在 30 分鐘的烘烤時間後用刀子刺每塊餅，然後再烤 5 分鐘，趁熱食用。

# 乳酪空心鬆餅 Cheese Popovers

**材料**
（12份）

雞蛋 3 個
牛奶 1 杯
溶化的奶油 30 公克
麵粉 ¾ 杯

鹽 ¼ 茶匙
辣椒粉 ¼ 茶匙
新鮮切碎的巴馬乾酪 90 公克

① 烤箱預熱至 220℃，將 12 個乳酪蛋糕杯或酥餅杯塗上油。

② 用電動攪拌器將雞蛋攪拌均勻，加入牛奶和溶化的奶油。

③ 將麵粉、鹽、辣椒粉一起篩好，然後加入步驟 2，再加入乾酪，攪拌。

④ 將麵糊盛入準備好的杯中，盛半滿，烤 25～30 分鐘，直到烤成金黃色，烤的過程中不要打開烤箱門，否則酥餅可能會失敗，要烤出更乾的酥餅，可以在 30 分鐘的烘烤時間後用刀子刺每塊餅，然後再烤 5 分鐘，趁熱食用。

**參考做法**
要做約克布丁酥餅（可以在吃烤牛肉的時候吃），不要用乳酪，改用 4～6 湯匙奶油替代，將餅乾放入烤箱中，和牛肉一起吃。

# 酵母麵包

　　儘管現在的生活步調減少了人們烘焙食品的時間，製作麵包則是最好的彌補。正如接下來的麵包製作方法所證實的，這些步驟簡單而多變，捲起你的袖子吧，來創造一個屬於自己的傳統。

# 白麵包 White Bread

酵母麵包

酵母麵包

## 材料 (2條)

| | |
|---|---|
| 溫水 ¼ 杯 | |
| 活性乾酵母 1 包 | |
| 白糖 2 湯匙 | |
| 溫牛奶 2 杯 | |
| 奶油或乳瑪琳 30 公克 | |
| 鹽 2 茶匙 | |
| 麵粉 6 ～ 6½ 杯 | |

**1** 將水、活性乾酵母、1 湯匙白糖放入一個量杯中,混合後放 15 分鐘,直到起泡。

**2** 將牛奶倒進一個大碗裏,放入餘下的白糖、奶油或乳瑪琳、鹽,加入步驟 1。

**3** 每次加入 1 杯麵粉,直到形成一個黏稠的麵糰,也可使用食品加工機。

**4** 將麵糰放到塗上麵粉的平板上,揉的時候先用掌心將麵糰推出去,然後再拌回來,再推出去,這樣重複直到麵糰變得光滑而有彈性。

**5** 將麵糰放進一個抹上油的大碗裏,蓋上塑膠袋,放到暖和處發酵 2 ～ 3 個小時,直到體積膨脹為原來的 2 倍。

**6** 將 2 個 23 × 13 cm 的烤盤塗上油。

**7** 用拳頭壓膨脹的麵糰,分成兩半。做成長條麵包的形狀,擺在泡打粉裏,接縫面朝下,蓋上,放到暖和處發酵 45 分鐘左右,直到體積膨脹為原來的 2 倍。

**8** 烤箱預熱至 190℃。

**9** 烤 45 ～ 50 分鐘,直到麵糰變硬並呈現褐色,取出,輕輕敲打麵包底部,如果聽起來是空的,麵包就做好了,有必要可以放回烤箱再烤若干分鐘。

**10** 放到架子上冷卻。

# 鄉村麵包 Country Bread

## 材料（2份）

| | |
|---|---|
| 全麥麵粉 2½ 杯 | |
| 中筋麵粉 2½ 杯 | |
| 高筋麵粉 1 杯 | |
| 鹽 4 茶匙 | |
| 奶油 60 公克 | |
| 溫牛奶 2 杯 | |
| **製作發酵物的配料：** | |
| 活性乾酵母 1 袋 | |
| 溫水 1 杯 | |
| 中筋麵粉 1 杯 | |
| 白糖 ¼ 茶匙 | |

❶ 做發酵物時，將酵母、水、麵粉和白糖放進碗中，用叉子攪拌，蓋上，在溫暖處放 2～3 小時，或者在陰涼的地方放一晚上。

❷ 將麵粉、鹽、奶油放入食品加工機，攪拌 1～2 分鐘，剛剛混合即可。

❸ 將牛奶和步驟 1 一起攪拌，然後慢慢倒入步驟 2 攪伴，一直等到成為麵糰。如有必要可以多加一些水，也可以用手揉成麵糰，把麵糰放到塗有麵粉的平板上，揉搓到變得光滑而有彈性。

❹ 將麵糰放到一個沒有塗油的碗中，蓋上塑膠袋，放到暖和處發酵 1 個半小時，直到體積膨脹為原來的 2 倍。

❺ 將麵糰拿到塗有麵粉的平板上，簡單揉幾下，放回碗中，讓它繼續膨脹 90 分鐘，直到體積變成原來的 3 倍。

❻ 把麵糰一分為二，從每一半上切下 ⅓，做成球形。將每一半餘下的更大部分捏成球形，在一張餅乾烤盤上抹上油。

❼ 做麵包的時候，將小球放在大球上面，用木湯匙的把手壓中間，蓋上塑膠袋，用力拍打頂部，讓它自己膨脹。

❽ 烤箱預熱至 200℃，在麵糰表面撒上全麥麵粉，烤 45～50 分鐘，直到麵包頂部變成棕色，而且敲打它底部的時候聽起來是中空的，放到架子上冷卻。

103

# 麵包辮 Braided Loaf

酵母麵包

酵母麵包

## 材料 (1條)

活性乾酵母1袋

蜂蜜1茶匙

溫牛奶1杯

溶化的奶油60公克

麵粉3杯

鹽1茶匙

輕輕打散的雞蛋1個

蛋黃1個和牛奶1茶匙打好,用於
刷表面

① 混合攪拌酵母、蜂蜜、牛奶和奶
油,放15分鐘讓其溶解。

② 取一個大碗,把麵粉和鹽一起篩
入,在中間留出一個洞,放入步
驟1和雞蛋,用一把木湯匙從中
間開始攪拌,將麵粉和它們調和
在一起,做成一個粗糙的麵糰。

③ 將麵糰拿到塗有麵粉的平板上,
揉搓,直到變得光滑而有彈性。
放入一個乾淨的碗中,蓋上,放
到暖和處發酵1個半小時,直到
體積膨脹為原來的2倍。

④ 在一張餅乾烤盤上抹上油,拍打
麵糰,分成三等份,將每一份麵
糰揉成一個薄的長條。

⑤ 從長條中間開始編辮子,把尾部
塞進去,寬鬆地蓋上塑膠袋,放
到暖和處發酵30分鐘。

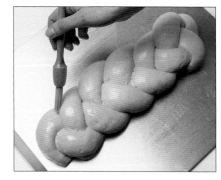

⑥ 將烤箱預熱至190℃,烤箱預熱
時將麵包放到陰涼的地方,刷上
蛋黃和牛奶醬汁,烤40～45分
鐘,直到烤成金黃色,放到架子
上完全冷卻。

# 芝麻麵包 Sesame Seed Bread

## 材料 (1份)

活性乾酵母 2 茶匙

溫水 1¼ 杯

中筋麵粉 1½ 杯

全麥麵粉 1½ 杯

鹽 2 茶匙

烤好的芝麻 ½ 杯

牛奶,用來刷表面

用來撒的芝麻 2 湯匙

① 將酵母和 ¼ 杯溫水混合在一起,讓其溶解,將兩種麵粉和鹽放在一個大碗裏攪拌,中間留一洞,倒入酵母和餘下的水。

② 用一把木湯匙從中間開始攪拌,將麵粉和它們調和在一起,做成一個粗糙的麵糰。

③ 將麵糰放到塗上麵粉的平板上,揉的時候先用掌心將麵糰推出去,然後再拌回來,再推出去,這樣重複到麵糰變得光滑而有彈性,將麵糰放回碗中,蓋上一個塑膠袋,放到暖和處發酵 90～120 分鐘,直到體積膨脹為原來的 2 倍。

④ 在一張 9 寸的烤盤塗上油,打壓麵糰,把芝麻揉進去,把麵糰分成 16 個小球,放進鍋裏,蓋上一個塑膠袋,放到暖和處,直到麵糰膨脹到鍋邊以上。

⑤ 烤箱預熱至 220℃,在麵包頂部刷上牛奶,撒上芝麻。烤 15 分鐘,把烤箱溫度調低到 190℃,再烤 30 分鐘左右,直到敲打底部的時候聽起來是中空的,放到架子上冷卻。

# 酸奶全麥麵包 Buttermilk Graham Bread

## 材料（2條）

活性乾酵母1袋

溫水½杯

全麥麵粉2杯（粗麵粉）

中筋麵粉3杯

燕麥片1杯

鹽2茶匙

白糖2湯匙

奶油60公克

溫酸奶2杯

打好的雞蛋1個，用來刷表面

芝麻，用來撒在表面上

① 把酵母和溫水一起攪拌，放15分鐘讓其溶解。

② 把全麥麵粉、中筋麵粉、燕麥片、鹽和糖放進一個大碗，攪拌，中間挖出一個洞，把步驟1、奶油和酸奶倒進去。

③ 從中間開始攪拌，拌入麵粉直到形成一個黏稠的麵糰，如果過於黏稠，可用手攪拌。

④ 把麵糰放到抹上麵粉的平板上，揉到它變得光滑，放進一個乾淨的碗，蓋上，放在溫暖的地方發酵2～3個小時，直到體積漲大一倍。

⑤ 將2張20cm的方形烤鍋塗上油，壓打麵糰，分成8等份，然後搓成小球，每張鍋裏放上4個小球，蓋上，放到溫暖處大約1小時，直到麵糰膨脹到鍋邊以上。

⑥ 烤箱預熱至190℃，將麵糰刷上蛋汁，然後均勻撒上芝麻，烤50分鐘左右，直到敲打它底部的時候聽起來是中空的，放到架子上冷卻。

# 多麥麵包 Multi-Grain Bread

## 材料（2條）

| |
|---|
| 活性乾酵母1袋 |
| 溫水¼杯 |
| 麥片1杯 |
| 牛奶2杯 |
| 鹽2茶匙 |
| 油¼杯 |
| 紅糖¼杯 |
| 蜂蜜2湯匙 |
| 輕輕打散的雞蛋2個 |
| 麥芽粉½杯 |
| 大豆粉1杯 |
| 全麥麵粉2杯 |
| 中筋麵粉3～3½杯 |

① 把酵母和溫水一起攪拌，放15分鐘讓其溶解。

② 把麥片放在一個大碗裏，將牛奶加熱至沸騰，然後倒在麥片上。

③ 加入鹽、油、紅糖和蜂蜜，冷卻到30℃。

④ 加入酵母混合物、雞蛋、麥芽、大豆粉和全麥麵粉，慢慢拌入適量的中筋麵粉，形成一個粗糙的麵糰。

⑤ 把麵糰放到抹上麵粉的平板上，揉搓，如有需要可以加入麵粉，直到它變得光滑而有彈性，放進一個乾淨的碗，蓋上，讓它在溫暖處發酵150分鐘左右，直到體積漲大一倍。

⑥ 將2個21×11㎝的烤盤塗上油。用手掌拍打膨脹後的麵糰，略略揉搓一下。

⑦ 把麵糰分成四份，把每一份搓成3.5㎝厚的圓柱體，將2個圓柱體捲在一起，放到鍋裏，餘下的圓柱體做法同上。

⑧ 蓋上，放大約1小時，直到麵糰的體積增大到原先的兩倍。

⑨ 將烤箱預熱至190℃。

⑩ 烤45～50分鐘，直到輕輕拍打其底部的時候聽起來是中空的，放到架子上冷卻。

### 參考做法

做這種麵包的時候可以使用不同的麵粉，如裸麥粉、大麥粉、蕎麥粉或燕麥粉，可以嘗試用其中的一種或兩種代替麥芽粉和大豆粉，數量不變。

# 馬鈴薯麵包 Potato Bread

## 材料（2條）

活性乾酵母4茶匙
溫水1杯
馬鈴薯225公克，煮熟（留下1杯煮馬鈴薯的液體）
油2湯匙
鹽4茶匙
麵粉6～6½杯

**1** 把酵母和牛奶放進一個大碗裏，放15分鐘左右，讓它溶解。

**2** 同時，將馬鈴薯搗成泥。

**3** 在步驟1中加入馬鈴薯泥、油和鹽，拌勻，拌入1杯煮馬鈴薯的湯，然後每次拌入1杯麵粉，做成一個黏稠的麵糰。

**4** 把麵糰放到抹上麵粉的平板上，揉搓直到它變得光滑而有彈性，放回碗中，蓋上，放在溫暖處發酵60～90分鐘，直到體積漲大一倍，壓打，然後讓它再發酵40分鐘。

**5** 將2張23×13cm的長烤盤抹上油，把麵糰搓成20個小球，每個烤盤裏放兩排小球，放到麵糰膨脹到超出烤盤邊。

**6** 烤箱預熱至200℃，先烤10分鐘，再把溫度調低到190℃，烤40分鐘左右，直到拍打底部的時候聽起來是中空的，放到架子上冷卻。

# 愛爾蘭蘇打麵包 Irish Soda Bread

## 材料（1份）

中筋麵粉2杯
全麥麵粉1杯
蘇打粉1茶匙
鹽1茶匙
奶油或乳瑪琳30公克
酸奶1¼杯
中筋麵粉1湯匙，用來撒粉

**1** 烤箱預熱至200℃，在1張餅乾烤盤上塗油。

**2** 兩種麵粉、蘇打粉和鹽一起篩到碗中，中間留出一個洞，加入奶油或乳瑪琳和酸奶，用叉子從中間向外攪拌，直到形成一個柔軟的麵糰。

**3** 在手上塗上麵粉，把麵糰搓揉成球形。

**4** 把麵糰放到抹上麵粉的平板上，揉3分鐘，將麵糰做成一張厚的圓餅狀。

**5** 放到烤盤上，用一把鋒利的刀在表面劃一個十字。

**6** 撒上麵粉，烤40～50分鐘，直到變成棕色，放到架子上冷卻。

# 玉米酵母麵包 Anadama Bread

## 材料（2條）

| |
|---|
| 活性乾酵母1袋 |
| 溫水4湯匙 |
| 玉米粉 ½ 杯 |
| 奶油或乳瑪琳45公克 |
| 糖漿4湯匙 |
| 開水 ¾ 杯 |
| 雞蛋1個 |
| 麵粉3杯 |
| 鹽2茶匙 |

① 將酵母和溫水放在一起，攪拌均勻，放15分鐘讓其溶解。

② 同時，把玉米粉、奶油或乳瑪琳、糖漿、開水放在一個大碗裏，攪拌，加入酵母、雞蛋，以及一半麵粉，一起攪拌混合。

③ 拌入剩餘的麵粉和鹽，當麵糰變得太硬時，可用手攪拌，直到麵糰從碗壁上脫落下來，如果太黏稠了就加入麵粉，太乾了就加一點水進去。

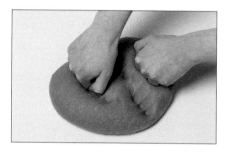

④ 揉搓到麵糰變得光滑並富有彈性。放入碗中，蓋上塑膠袋，放在溫暖處發酵2～3個小時，直到體積漲大一倍。

⑤ 將2張17×7.5 cm的烤盤塗上油，用手掌壓打麵糰，做成2個長條，放入烤盤內，接縫面向下，蓋上，放在溫暖處發酵1～2個小時，直到膨脹到冒出烤盤的頂部。

⑥ 烤箱預熱至190℃，烤50分鐘，取出來放到架子上，或者橫著放在鍋上冷卻。

# 全麥麵包 Oatmeal Bread

## 材料（2份）

牛奶2杯

奶油30公克

黑糖 ¼ 杯

鹽2茶匙

活性乾酵母1袋

溫水 ¼ 杯

燕麥片 2½ 杯（非即溶的）

麵粉 5～6 杯

1. 將牛奶煮沸，關掉熱源，加入奶油、黑糖和鹽，放於一旁讓其冷卻到微熱。

2. 將酵母和溫水放在一個大碗裏，混合，一直放到酵母溶解、並起泡為止，然後加入步驟1。

3. 加入 2 杯燕麥片和適量麵粉，形成一個柔軟的麵糰。

4. 把麵糰放到抹上麵粉的平板上揉搓，直到它變得光滑而有彈性。

5. 把麵糰放到塗上油的碗內，蓋上塑膠袋，放 2～3 個小時，直到膨脹為原來體積的兩倍。

6. 將 1 張大的餅乾烤盤塗上油，把麵糰放到撒上一點麵粉的平板上，分成兩半。

7. 將麵糰揉成圓形，放到烤盤上，蓋上乾紙巾，放1小時左右，讓它們膨脹到原來體積的兩倍。

8. 烤箱預熱至200℃，在麵糰頂部劃出空隙，撒上剩下的燕麥片，烤45～50分鐘，直到拍打其底部的時候聽起來是中空的，放到架子上冷卻。

113

# 酵母麵包 Sourdough Bread

## 材料（1條）

| | |
|---|---|
| 麵粉 3 杯 | |
| 鹽 1 湯匙 | |
| 溫水 ½ 杯 | |
| 酵母發酵物 1 杯（做法見下） | |

**1** 麵粉和鹽放在一個大碗裏，混合，中間留出一個洞，放入溫水和酵母發酵物，用一把木湯匙從中間開始攪拌，將麵粉逐漸和它們調和在一起，做成一個粗糙的麵糰。

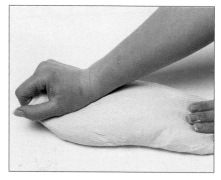

**2** 將麵糰放到塗上麵粉的平板上，揉的時候先用掌心將麵糰推出去，然後再拌回來，再推出去，重複這個過程，直到麵糰變得光滑而有彈性。

**3** 把麵糰放到一隻乾淨的碗內，蓋上，在溫暖處放 2 小時左右，直到膨脹到原來體積的兩倍。

**4** 將一張 22 × 11 cm 的烤盤上塗上少許油。

**5** 用拳頭拍打麵糰，稍稍揉幾下，然後捏成長條狀，放進鍋裏，接縫處朝下，蓋上塑膠袋，在溫暖處放 90 分鐘左右，直到麵糰膨脹到冒出烤盤的邊緣。

**6** 烤箱預熱至 220℃，在麵包頂部撒上麵粉，然後縱向劃線。烤 15 分鐘，把溫度調低到 190℃，再烤 30 分鐘左右，直到拍打其底部的時候聽起來是中空的。

# 酵母發酵物 Sourdough Starter

## 材料（3杯）

| | |
|---|---|
| 活性乾酵母 1 袋 | |
| 溫水 2½ 杯 | |
| 麵粉 1½ 杯 | |

**1** 做發酵物時，將酵母和溫水放在一起，攪拌，放 15 分鐘讓其溶解。

**2** 撒上麵粉，攪拌直到形成麵糊；不用攪拌到完全調和。蓋上，使用前放在溫暖的地方發酵至少 24 小時，或者 2～4 天更好。

### 烹飪提示

發酵物用過以後，或者在置於室溫下放置了 3 天以後，在裡面加上少量麵粉和適量的水，恢復成黏稠的麵糊，最長可以冷藏至一周，但是食用前必須解凍到置於室溫下。

酵母麵包 酵母麵包

# 法式長條酵母麵包 Sourdough French Loaves

## 材料 （2條）

| | |
|---|---|
| 活性乾酵母 2 茶匙 | |
| 溫水 1½ 杯 | |
| 酵母發酵物 1 杯（見 p114） | |
| 麵粉 6 杯 | |
| 鹽 1 湯匙 | |
| 白糖 1 茶匙 | |
| 玉米粉，用來撒 | |
| 玉米澱粉 1 茶匙 | |
| 水 ½ 杯 | |

酵母麵包 酵母麵包

❶ 取一個大碗，調和酵母和溫水，放 15 分鐘讓其溶解。

❷ 倒入酵母發酵物，加入 4 杯麵粉、鹽和水，拌勻，用一個塑膠袋把碗蓋上，放在溫暖處發酵 90 分鐘左右，直到體積膨脹一倍。

❸ 加入適量麵粉，形成一個粗糙的麵糰，將麵糰放到塗上麵粉的平板上，揉到麵糰變得光滑而有彈性，將麵糰分成兩半，然後將每一半捏成 35 ㎝ 並且末端為圓形的圓柱體。

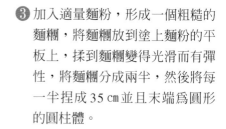

❹ 把長條放到撒上玉米粉的木板上或盤子裏，把乾紙巾或蠟紙寬鬆地蓋在上面，放到溫暖處發酵，直到體積幾乎漲大一倍。

❺ 烤箱預熱至 220℃。

❻ 將一張 38 × 30 ㎝ 的餅乾烤盤和一個淺烘烤盤放到裝滿一半熱水的烤箱底部。

❼ 把玉米澱粉和水倒進小的燉鍋煮沸，不時攪拌，放到一旁備用。

❽ 用一把鋒利的刀在麵包表面劃上對角線斜紋，將麵包移到熱的餅乾烤盤上，刷上步驟 7，烤 25 分鐘左右，直到頂部變成金黃色，且拍打其底部的時候聽起來是中空的，放到架子上冷卻。

# 黑麥酵母麵包 Sourdough Rye Bread

## 材料（2條）

| | |
|---|---|
| 活性乾酵母 2 茶匙 | |
| 溫水 1½ 杯 | |
| 溶化的奶油 30 公克 | |
| 鹽 1 湯匙 | |
| 全麥麵粉 1 杯 | |
| 中筋麵粉 3½～4 杯 | |
| 雞蛋 1 個，和 1 大湯匙水調好， | |
| 用來刷表面 | |

**製作發酵物的配料：**

| | |
|---|---|
| 活性乾酵母 1 袋 | |
| 溫水 1½ 杯 | |
| 糖漿 3 湯匙 | |
| 茴香子 2 湯匙 | |
| 黑麥麵粉 2½ 杯 | |

❶ 做發酵物時，將酵母和溫水放在一起，攪拌，放 15 分鐘讓其溶解。

❷ 拌入糖漿、茴香子和黑麥麵粉，加蓋上後置於溫暖的地方約 2～3 天。

❸ 用一個大碗，把酵母和水放在一起，攪拌，放 10 分鐘，拌入溶化的奶油、鹽、全麥麵粉、3½ 杯中筋麵粉。

❹ 在中間挖一個洞，倒進步驟 2。

❺ 攪拌，形成一個粗糙的麵糰，然後放到塗上麵粉的平板上，揉到麵糰變得光滑而有彈性，放回碗中，蓋上，在溫暖處放 2 小時左右，直到麵糰膨脹到原有體積的兩倍。

❻ 在 1 張大的餅乾烤盤塗上油，壓打麵糰，稍稍揉幾下，把麵糰切成兩半，分別做成圓形的長條。

❼ 將長條放到烤盤上，用鋒利的刀在頂部劃出斜紋，蓋上乾淨的乾紙巾，在溫暖處放 50 分鐘左右，直到麵糰幾乎膨脹到原有體積的兩倍。

❽ 烤箱預熱至 190℃。

❾ 刷上調好的蛋汁。烤 50～55 分鐘，直到拍打其底部的時候聽起來是中空的，如果頂部焦得太快，可以將麵糰蓋上一層箔紙，放到架子上冷卻。

# 全麥酸奶麵包捲 Whole-Wheat Buttermilk Rolls

**材料**
（12份）

| | |
|---|---|
| 活性乾酵母2茶匙 | 鹽1茶匙 |
| 溫水¼杯 | 奶油45公克 |
| 白糖1茶匙 | 全麥麵粉1½杯 |
| 溫酸奶¾杯 | 中筋麵粉1杯 |
| 蘇打粉¼茶匙 | 打好的雞蛋1個，用來刷表面 |

① 將酵母、溫水和糖放到一個大碗裏，攪拌，放15分鐘讓它溶解。

② 加入酸奶、小蘇打、鹽、奶油，攪拌混合，加入全麥麵粉。加入適量的中筋麵粉，形成一個粗糙的麵糰。如果麵糰太硬，可用手攪拌。

③ 將麵糰放到塗上麵粉的平板上，揉到變得光滑而有彈性，分成3等份，將每份揉成一個圓柱體，然後切成4份。

④ 將小麵糰捏成魚雷形，放到塗了油的烤盤上，蓋上，放到溫暖處，直到膨脹到原有體積的兩倍。烤箱預熱至200℃。刷上蛋汁，烤15～20分鐘，直到麵糰變硬，放到架子上冷卻。

# 法國麵包 French Bread

**材料**
（2條）

| | |
|---|---|
| 活性乾酵母1袋 | 麵粉6～8杯 |
| 溫水2杯 | 玉米粉，用來撒在表面 |
| 鹽1湯匙 | |

① 將酵母和溫水放到一起，攪拌，放15分鐘讓其溶解，加入鹽。

② 每次加入1杯麵粉，用一把木湯匙攪拌，直到剛好能形成一個光滑的麵糰，或者也可以用附帶麵糰的電動攪拌器。

③ 放到塗上麵粉的平板上，揉到麵糰變得光滑而有彈性。把麵糰搓成球狀，放到塗了油的碗裏，蓋上塑膠袋，放到溫暖處發酵2～4小時，直到體積漲大一倍。

④ 將麵糰放到撒上少許麵粉的案板上，做成兩個長條，然後放到撒了玉米粉的餅乾烤盤上，發酵5分鐘。

⑤ 在麵糰頂部的幾個地方用鋒利的刀劃出條紋，刷上水，放入未加熱的烤箱內，將一鍋開水放在烤箱底部，烤箱溫度設置200℃。烤大約40分鐘，直到麵包成型並成爲金黃色，放到架子上冷卻。

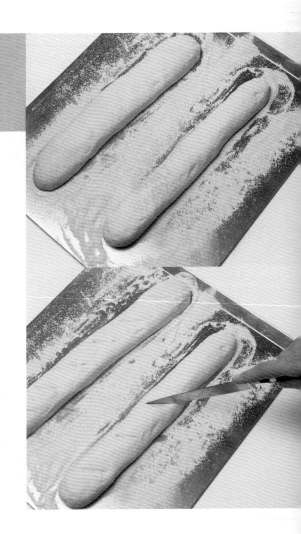

# 帕克屋麵包捲 Parker House Rolls

## 材料（48份）

活性乾酵母1袋

溫牛奶2杯

乳瑪琳125公克

白糖5湯匙

鹽2茶匙

雞蛋2個

麵粉7～8杯

奶油60公克

① 將酵母和½杯牛奶放進一個大碗裏，攪拌均勻，放15分鐘讓它溶解。

② 將餘下的牛奶燒到半開，冷卻5分鐘，然後加入乳瑪琳、白糖、鹽和雞蛋，冷卻到微熱。

③ 將步驟2倒入步驟1，用木湯匙拌入4杯麵粉，加入剩下的麵粉（每次1杯），直到形成一個粗糙的麵糰。

④ 將麵糰放到塗上麵粉的平板上，揉到變得光滑而有彈性。然後放到乾淨的碗裏，蓋上塑膠袋，放到溫暖處發酵2小時左右，直到體積膨脹大一倍。

⑤ 將奶油放入燉鍋中溶化，放到一邊。將2張餅乾烤盤塗上油。

⑥ 壓打麵糰，把它分成4等份。將每份搓成20×30㎝的長方形，厚度約0.5㎝。

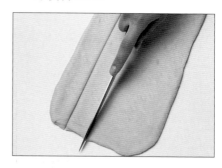

⑦ 將每個長方形切成5×30㎝的4條。每條切成3個10×5㎝的長方形。

⑧ 在每個長方形上刷上溶化的奶油，然後折疊，使上面超出下面約1㎝。

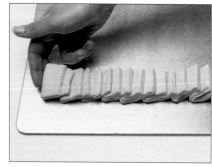

⑨ 將麵包捲放到烤盤上，稍稍重疊，長的一面朝上。

⑩ 蓋上，冷卻30分鐘。將烤箱預熱至180℃，烤18～20分鐘，直到變得金黃，食用前先將麵包捲微微冷卻一下。

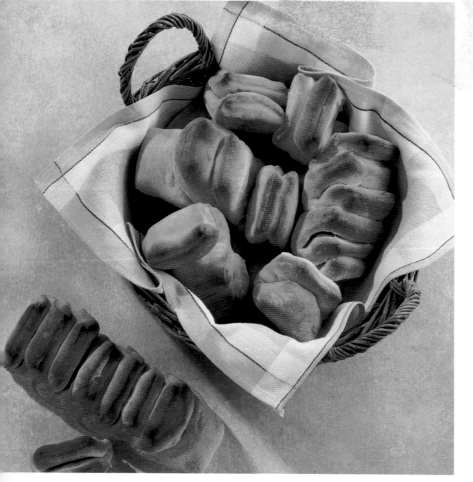

# 三葉草麵包捲 Clover Leaf Rolls

## 材料 (24份)

| | |
|---|---|
| 牛奶 1¼ 杯 | |
| 白糖 2 湯匙 | |
| 奶油 60 公克 | |
| 活性乾酵母 2 茶匙 | |
| 雞蛋 1 個 | |
| 鹽 2 茶匙 | |
| 麵粉 3½ ～ 4 杯 | |
| 溶化的奶油,用來刷表面 | |

① 將牛奶熱到溫熱,用手指測試溫度,倒進一個大碗裏,加入白糖、奶油和酵母,放 15 分鐘讓其溶解。

② 在步驟 1 中加入雞蛋和鹽,漸漸加入 3½ 麵粉,加入適量的麵粉,形成一個粗糙的麵糰。

③ 將麵糰放到塗上麵粉的平板上,揉到變得光滑而有彈性。再放到塗了油的碗裏,蓋上,放到溫暖處發酵 90 分鐘左右,直到體積膨脹一倍。

④ 將 2 張有 12 個烤杯的瑪芬鍋塗上油。

⑤ 壓打麵糰,把它切成 4 等份,每份搓成 35 ㎝長的條形,把每條切成 18 塊,然後分別搓成球。

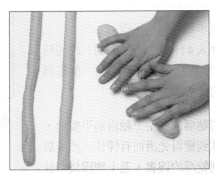

⑥ 將每個烤杯放置 3 個小球,寬鬆地蓋上,放到溫暖處發酵 90 分鐘左右,直到體積漲大一倍。

⑦ 烤箱預熱至 200℃。

⑧ 刷上奶油,烤 20 分鐘左右,直到變成淺褐色,食用前先稍稍冷卻。

# 奶油罌粟籽扭結麵包 Butter-Poppy Seed Knots

## 材料 (12份)

溫牛奶 1¼ 杯

奶油 60 公克

白糖 1 茶匙

活性乾酵母 2 茶匙

蛋黃 1 個

鹽 2 茶匙

麵粉 3½ ～ 4 杯

雞蛋 1 個，加 2 茶匙水調和，用來刷表面

用來撒在表面的罌粟籽

酵母麵包

酵母麵包

❶ 將牛奶、奶油、白糖和酵母放在一個大碗裏，攪拌，放 15 分鐘讓其溶解。

❷ 加入蛋黃、鹽、2 杯麵粉，再加入 1 杯麵粉，攪拌成一個柔軟的麵糰。

❸ 將麵糰放到塗上麵粉的平板上，揉到麵糰變得光滑而有彈性，如有需要可以加點麵粉揉，放到碗裏，蓋上，放到溫暖處發酵 90 ～ 120 分鐘，直到體積膨脹到原來的兩倍。

❹ 將 1 張餅乾烤盤塗上油，用拳頭壓打麵糰，切成 12 個高爾夫球大小的小球。

❺ 將每一塊麵糰搓成條狀，再打成一個結，放到烤盤上，間隔 2.5 cm，寬鬆地蓋上，放到溫暖處發酵 60 ～ 90 分鐘，直到體積膨脹一倍。

❻ 將烤箱預熱至 180℃。

❼ 刷上蛋汁，撒上罌粟籽，烤 25 ～ 30 分鐘，直到頂端變成淺褐色，食用前先放在架上稍微冷卻。

# 麵包手杖 Bread Sticks

## 材 料（18～20份）

活性乾酵母1袋

溫水 1¼ 杯

麵粉 3 杯

鹽 2 茶匙

白糖 1 茶匙

橄欖油 2 湯匙

芝麻 1 杯

打散的雞蛋 1 個，用來刷表面

粗鹽，用來撒表面

① 將酵母和溫水放在一起，攪拌，放 15 分鐘讓其溶解。

② 將麵粉、鹽、白糖和橄欖油放進食品加工機，攪拌，慢慢倒入步驟 1，攪拌到麵糰形成一個球，如果麵糰太黏，可以加些麵粉，乾了就加水。

③ 將麵糰放到塗上麵粉的平板上，揉到變得光滑而有彈性，放到碗裏，蓋上，放到溫暖處發酵 45 分鐘。

④ 把芝麻放在長柄淺鍋中，稍微烤一下，將 2 張餅乾烤盤塗上油。

⑤ 將一小塊麵糰搓成約 30 ㎝ 長的條狀，放到烤盤上。

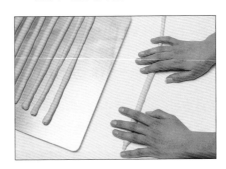

> **參考做法**
> 可以根據個人喜好選用其他的籽，如罌粟籽或茴香子，做淡麵包手杖時，也可以不放籽和鹽。

⑥ 在麵糰上刷蛋汁，撒上芝麻，然後遍撒上一些粗鹽，不蓋東西，發酵 20 分鐘左右，直到體積幾乎膨脹一倍。

⑦ 烤箱預熱至 200℃，烤 15 分鐘左右，直到變成金黃色，關掉熱源，但是讓麵包手杖還在烤箱裏留 5 分鐘，溫熱時或冷卻後食用均可。

# 可頌麵包 Croissants

## 材料（18份）

活性乾酵母1袋

溫牛奶1⅓杯

白糖2茶匙

鹽1½茶匙

麵粉3～3½杯

冷凍無鹽奶油250公克

雞蛋1個，和2茶匙水調和，用來刷表面

❶ 用電動攪拌器攪拌酵母和溫牛奶，放15分鐘讓其溶解，加入白糖、鹽和1杯麵粉。

❷ 在麵糰中間挖一個洞，逐漸加入2杯麵粉，用力攪拌，直到麵粉從碗壁上脫落，加蓋上，放到溫暖處發酵90分鐘左右，直到體積膨脹為原來的兩倍。

❸ 放到塗上少許麵粉的平板上，揉到麵糰變得光滑，用蠟紙包起來，冷卻15分鐘。

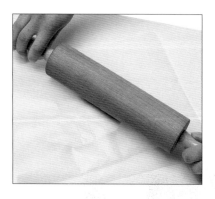

❹ 將½杯的奶油分別放在兩層蠟紙上，用桿麵棍分別桿成15×10cm的長方形，放到一旁。

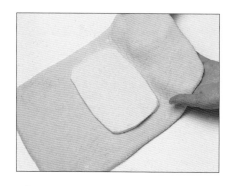

❺ 在塗上麵粉的平板上，將每個麵糰桿成30×20cm的長方形，把一個奶油長方形放在中間，將底部⅓的麵糰蓋在奶油上，輕輕壓合，放上另一個奶油長方形，然後蓋在麵糰頂部的⅓處。

❻ 將麵糰翻面，讓短的一面朝向自己，長的闔上的一邊在左，長的打開的一邊在右，就像一本書。

❼ 輕輕均勻地揉搓麵糰，搓成30×20cm的長方形，不要把奶油擠出來，再闔上⅓，用指尖在一個角上作上記號，表明是第一輪，包上蠟紙，冷卻30分鐘。

❽ 再重複兩次，還是把麵糰做得像書一樣，揉、闔上⅓、作記號、包上蠟紙，然後冷藏，闔上第三次後，冷卻至少2小時（或者整夜）。

❾ 將麵糰搓出一個大約33cm和0.3cm厚的長方形，將邊緣修整齊。

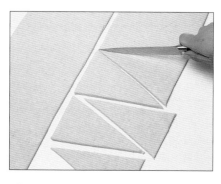

❿ 縱向將麵糰一分為二，然後切成高15cm，底10cm的三角形。

⓫ 用桿麵棍輕輕縱向桿一下三角形，稍微伸展，從底部到頂部揉，讓尖端朝下，放到烤盤上，彎成新月形，蓋上，放到溫暖處發酵60～90分鐘，直到體積膨脹到原來的兩倍多。（或者可以冷卻一晚上，然後第二天烘烤。）

⓬ 將烤箱預熱至240℃，刷上蛋汁，烤2分鐘。將溫度調到190℃，再烤10～12分鐘，直到變成金黃色，食用前先稍稍冷卻。

# 蒔蘿麵包 Dill Bread

## 材料（2份）

活性乾酵母 4 茶匙

溫水 2 杯

白糖 2 湯匙

麵粉 7½ 杯

洋蔥 ½ 個，切碎

油 4 湯匙

蒔蘿 1 大束，細細切碎

輕輕打散的雞蛋 2 個

鄉村乳酪 125 公克

鹽 4 茶匙

牛奶，用來刷表面

❶ 把酵母、水和糖放在一個大碗裏攪拌，放 15 分鐘讓其溶解。

❷ 拌入 3 杯麵粉，蓋上，放到溫暖處發酵 45 分鐘。

❸ 在平底鍋裏放入 1 大湯匙油，把洋蔥放進去煮軟，放到一旁冷卻，然後拌入酵母混合物，再加入蒔蘿、雞蛋、農家乳酪、鹽和剩下的油，慢慢加入剩下的麵粉，直到乾得攪不動為止。

❹ 將麵糰放到塗上麵粉的平板上，揉到它變得光滑而有彈性為止。放到碗裏，蓋上，放到溫暖處發酵 60～90 分鐘，直到體積膨脹為原來的兩倍。

❺ 將一張大的餅乾烤盤塗上油，將麵糰切成兩半，揉成兩個圓形，放到溫暖處發酵 30 分鐘。

❻ 烤箱預熱至 190℃，在頂部劃上條紋，刷上牛奶，烤 50 分鐘左右，直到變成褐色，放到架子上冷卻。

# 螺旋香草麵包 Spiral Herb Bread

## 材料 (2份)

活性乾酵母2袋
溫水2½杯
中筋麵粉3杯
全麥麵粉3杯
鹽3茶匙
奶油30公克
巴西利1大束,切細
蔥1把,切細
大蒜球莖1顆,切細
鹽和新磨的黑胡椒粉
輕輕打散的雞蛋1個
牛奶,用來刷表面

① 把酵母和¼杯水放在碗裏,攪拌,放15分鐘讓其溶解。

② 將麵粉和鹽放入一個大碗裏混合,中間留出一個洞,倒入步驟1和剩下的水,用木湯匙從中間開始向外攪拌,形成一個黏稠的麵糰。

③ 放到塗上麵粉的平板上,揉到麵糰變得光滑而有彈性,放回碗裏,蓋上塑膠袋,讓它發酵約2個小時,直到體積膨脹為原來的兩倍。

④ 與此同時,將奶油、巴西利、蔥和蒜放進一個大的平底鍋裏,混合,用低溫加熱,攪拌,直到變軟,放入鹽和胡椒粉調味,放到一邊。

⑤ 將2個23×13㎝的烤盤塗上油。麵糰膨脹以後,分為兩半,然後將每一半搓成約35×23㎝的長方形。

⑥ 刷上蛋汁,將步驟4分別分一半給兩個長方形,以剛好鋪到麵包邊緣為主。

⑦ 揉麵糰,將餡料包進去,由較短的一端,將麵糰捲起來。放到烤盤中,接縫處向下,蓋上,放到溫暖處發酵,直到麵糰膨脹到高出鍋邊。

⑧ 烤箱預熱至190℃,刷上牛奶,烤55分鐘左右,直到拍打其底部的時候聽起來是中空的,放到架子上冷卻。

# 比薩餅 Pizza

## 材料（2份）

| | |
|---|---|
| 麵粉 3½ 杯 | |
| 鹽 1 茶匙 | |
| 活性乾酵母 2 茶匙 | |
| 溫水 1¼ 杯 | |
| 特級橄欖油 ¼ ～ ½ 杯 | |

**上層麵糊配料**：番茄醬、切碎的乳酪、橄欖、香草

① 將麵粉和鹽放進一個大的攪拌碗裏混合，中間挖出一個洞，加入酵母、水和 2 大湯匙橄欖油，放 15 分鐘溶解酵母。

② 用手攪拌，直到剛好形成麵糰，放到塗上麵粉的平板上，揉到麵糰變得光滑而有彈性，不要在揉搓的時候加入過多的麵粉。

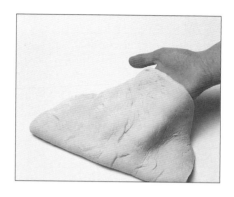

③ 在碗內刷上 1 大湯匙橄欖油，將麵糰放進去，揉搓，裏上油，蓋上塑膠袋，放到溫暖處發酵 45 分鐘左右，直到體積膨脹為原來的兩倍多。

④ 將麵糰分成 2 個球，烤箱預熱至 200 ℃。

⑤ 將 2 個球搓成 25 ㎝的圓形，用手掌擊打成麵餅，將每個麵餅放到平板上，旋轉，轉的時候將其伸展開，直到它變成直徑約為 30 ㎝的圓形。

⑥ 在 2 個比薩烤盤刷上油，將麵餅放到烤盤裏並將邊緣修剪整齊，刷上油。

⑦ 撒上配料，烤 10 ～ 12 分鐘，直到變成金黃色。

# 起司麵包 Cheese Bread

## 材料 (1條)

活性乾酵母1袋
溫牛奶1杯
奶油30公克
麵粉3杯
鹽2茶匙
切達乳酪碎粒250公克

① 將發酵粉和牛奶混合，攪拌並溶解15分鐘。

② 溶化奶油，冷卻，加入步驟1。

③ 將麵粉和鹽混合放入一個大碗內，中央留一小洞，倒入步驟2。

④ 用木勺從中央開始攪拌，每次翻轉都混合著麵粉，直至形成粗麵糰，如果麵糰太乾，可添加2～3湯匙的水。

⑤ 將麵糰放在撒上麵粉的平臺上，揉至光滑具有彈性，再將麵粉放入碗中，蓋上，並放在溫暖處發酵至體積為原來的兩倍，約2～3小時。

⑥ 將23×13 cm的烤盤刷上油，用拳頭將麵糰壓扁，將乳酪揉入其中，越均勻越好。

⑦ 將麵糰扭成麵包條狀，放入烤盤中，將兩端壓牢，放在溫暖的地方，直至麵糰發酵膨脹到烤盤邊緣。

⑧ 烤箱預熱到200℃，烘烤15分鐘，降低溫度至190℃，烤30分左右，直到拍打其底部的時候聽起來是中空的，放到架子上冷卻。

# 義大利鼠尾草扁麵包 Italian Flat Bread With Sage

## 材料（1份）

活性乾酵母1袋
溫水1杯
麵粉3杯
鹽2茶匙
特級橄欖油5湯匙
新鮮鼠尾草葉12片，切碎

1. 將酵母和水混合，攪拌並溶解15分鐘。

2. 把麵粉和鹽混合放入大碗中，在中央留一個洞。

3. 攪拌入步驟1和4湯匙橄欖油，從中央開始攪拌，每次翻轉都混合著麵粉，直至形成麵糰。

4. 將麵糰放在撒上麵粉的平臺上，揉至光滑具有彈性，再將麵粉放入刷了橄欖油的碗中，封上，並放在溫暖處發酵至體積為原來的兩倍，約2小時。

5. 烤箱預熱至200℃。

6. 將麵糰壓扁，揉入鼠尾草葉，然後桿成一個30cm的圓形麵糰，放到一邊，讓它稍微發酵。

7. 用手指在整個麵糰上壓上小坑，將剩餘的橄欖油抹在上面，把麵糰放在撒有麵粉的平板上，然後移到烤箱裏預熱的烤盤上，烘烤35分鐘左右，直至麵糰變為金褐色，放在架上冷卻。

---

# 胡瓜酵母麵包 Zucchini Yeast Bread

## 材料（1份）

胡瓜450公克，切碎
鹽2湯匙
活性乾酵母1袋
溫水1¼杯
麵粉3½杯
橄欖油，用來刷表面

1. 在過濾鍋中，將切碎的胡瓜與鹽混合，放置30分鐘後，用手擠去胡瓜中的湯汁。

2. 把酵母倒入¼杯的溫水中，攪拌，放置15分鐘直到溶解。

3. 將胡瓜、酵母和麵粉放入碗中，一起攪拌，把剩下的水加入適量，形成麵糰。

4. 將麵糰放在撒上麵粉的平臺上，揉至光滑具有彈性，再將麵粉放入碗中，用塑膠袋封上，並放在溫暖處發酵至體積為原來的兩倍，約90分鐘。

5. 在烤盤上抹油，用拳頭將發酵的麵糰壓平，揉成橢圓形，將麵糰放在烤盤上，密封，放在溫暖的地方發酵，直至麵糰體積為原來的2倍，約45分鐘。

6. 烤箱預熱至220℃，將麵糰刷上橄欖油，烘烤40～45分鐘，麵糰呈金黃色，放到架子上冷卻。

# 橄欖油麵包 Olive Bread

酵母麵包

酵母麵包

## 材料 (2份)

活性乾酵母 4 茶匙

溫水 2 杯

中筋麵粉 3½ 杯

全麥麵粉 1½ 杯

玉米粉 ½ 杯

鹽 2 茶匙

橄欖油 2 湯匙

混合去核青橄欖、黑橄欖 1 杯，對半切

玉米粉，用來撒表面

① 將酵母和水混合，攪拌並溶解 5 分鐘。

② 倒入兩杯中筋麵粉，攪拌，密封，放在溫暖處 1 小時。

③ 將剩餘的中筋麵粉，及全麥麵粉、玉米粉和鹽倒入碗中混合，在中央留一小洞，倒入橄欖油和步驟 1。

④ 用木勺從中央開始攪拌，每次翻轉都混合入麵粉，當麵糰變太硬的時候，開始用手揉，直至形成粗麵糰。

⑤ 重新放入碗中，密封，放在溫暖處發酵至體積爲原來的兩倍，約 90 分鐘。

⑥ 用拳頭壓麵糰，將橄欖揉入其中，越均勻越好。

⑦ 將麵糰切成兩半，揉成圓形，在烤盤上撒玉米粉，將麵糰放在烤盤上，粗糙面朝下，用乾紙巾封上，放到一邊，發酵至體積約爲原來的兩倍。

⑧ 把烤盤放在烤箱底部，裝入半盤的熱水，將烤箱預熱至 220℃。

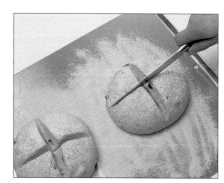

⑨ 用鋒利的小刀，在麵糰頂部劃上十字。

⑩ 烘烤 20 分鐘，溫度降低到 190℃，烘烤約 25～30 分鐘直至敲打底部有空洞的聲音，然後放在架子上冷卻。

# 南瓜香料麵包 Pumpkin Spice Bread

## 材 料 (1份)

活性乾酵母2袋

溫水1杯

肉桂粉2茶匙

薑粉1茶匙

五香粉1茶匙

丁香粉¼茶匙

鹽1茶匙

即溶無脂奶粉½杯

煮過的或罐裝南瓜1杯

糖1¼杯

奶油125公克,溶化

麵粉5½杯

山核桃仁½杯,切碎

**1** 在裝有電動攪拌器的大碗中,將酵母和水混合,攪拌並溶解15分鐘。在另一個碗中,將香料混合,擱置一旁。

**2** 在發酵混合物中,加入鹽、奶粉、南瓜、半杯糖、3茶匙奶油、2茶匙香料混合物及2杯麵粉。

**3** 使用電動攪拌器,低速攪拌至均勻調和,逐步加入剩餘的麵粉,中速攪拌直至形成麵糰,或者,用手揉。

**4** 將麵糰放在撒上麵粉的平臺上,揉至平滑,重新放入碗中,密封,放在溫暖處發酵至體積為原來的兩倍,約60～90分鐘。

**5** 壓牢略揉麵糰,再分成3份,且每份揉成45cm的長條狀。然後每份平均切成18份,搓成球形。

**6** 將戚風蛋糕模上油,將剩餘的糖攪拌進剩餘的香料混合物中,將麵糰依次放入剩餘的奶油中,以及糖和香料混合物中。

**7** 把18個麵糰圍繞排滿半個模型,再同樣放入剩餘的麵糰,與外排麵糰交叉排放,再將剩餘的山核桃仁撒在麵糰上,用塑膠袋封上,放在溫暖處發酵至體積為原來的兩倍,約45分鐘。

**8** 將烤箱預熱至180℃,烘烤55分鐘,在鍋中冷卻20分鐘左右,然後從鍋中取出,趁熱吃。

# 胡桃麵包 Walnut Bread

酵母麵包

酵母麵包

## 材 料 (1份)

| | |
|---|---|
| 全麥麵粉 2½ 杯 | |
| 中筋麵粉 1 杯 | |
| 鹽 2½ 茶匙 | |
| 溫水 2¼ 杯 | |
| 蜂蜜 1 湯匙 | |
| 活性乾酵母 1 袋 | |
| 胡桃顆粒 1¼ 杯（另多加些做裝飾用） | |
| 雞蛋 1 個打散，用來刷表面 | |

❶ 將麵粉和鹽放入碗中混合，在中央留一小洞，倒入 1 杯水、蜂蜜和酵母。

❷ 放在一旁，直至酵母溶解並起泡。

❸ 倒入剩餘的水，從中央開始攪拌，每次翻轉都混著入麵粉，直至形成光滑麵糰，如果麵糰太黏的話，可再加入些麵粉，如果麵糰變得太硬而攪不動的話，可以用手揉。

❹ 將麵糰放在撒上麵粉的平臺上揉，直至形成光滑有彈性的麵糰，把麵糰放入一個刷上油的碗中，沿碗的邊緣揉麵糰，讓麵糰表面充分沾油。

❺ 用塑膠袋密封，放在溫暖處直至麵糰體積爲原來的兩倍，約 90 分鐘。

❻ 壓實麵糰，均勻揉入胡桃顆粒。

❼ 將烤盤上油，把麵糰揉成圓形，放在烤盤上，壓入胡桃顆粒，裝飾表面，用濕布輕輕蓋在表面，放在溫暖處發酵至體積爲原來的兩倍，約 25 ～ 30 分鐘

❽ 預熱烤箱至 220℃。

❾ 用鋒利的小刀在麵糰頂部劃斜紋，刷上蛋汁，烘烤 15 分鐘。降低溫度到 190℃，烘烤約 40 分鐘至敲打底部有空洞的聲音，放在架上冷卻。

134

# 山核桃黑麵包 Pecan Rye Bread

## 材 料 (2條)

| | |
|---|---|
| 活性乾酵母 1½ 袋 | |
| 溫水 3 杯 | |
| 中筋麵粉 5 杯 | |
| 黑麥麵粉 3 杯 | |
| 鹽 2 湯匙 | |
| 蜂蜜 1 湯匙 | |
| 茴香子 2 茶匙 | |
| 奶油 125 公克 | |
| 山核桃 2 杯,切碎 | |

❶ 將酵母和半杯水混合,攪拌溶解 15 分鐘。

❷ 在裝有電動攪拌器的大碗中,混合入麵粉、鹽、蜂蜜、茴香子和奶油,用攪拌器低速攪拌,直至充分混合。

❸ 加入發酵混合物和剩餘的水,中速攪拌至麵糰呈球狀。

❹ 將麵糰放在撒上麵粉的平臺上,揉入山核桃。

❺ 把麵糰放入乾淨的碗中,用塑膠袋密封,放在溫暖處發酵至體積為原來的兩倍,約 2 小時。

❻ 將 2 個尺寸為 21 × 11 cm 的烤盤上油。

❼ 將發酵的麵糰壓牢。

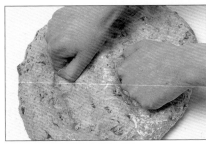

❽ 把麵糰切成兩半,揉成條狀,放在烤盤中,粗糙面朝下,在頂部撒上麵粉。

❾ 用塑膠袋封上,放在溫暖處發酵至體積為原來的兩倍,約 1 小時。

❿ 預熱烤箱至 190 ℃。

⓫ 烘烤 45 ～ 50 分鐘至敲打底部有空洞的聲音,放在架上冷卻。

# 粘圓果子麵包 Sticky Buns

酵母麵包 酵母麵包

## 材 料（18份）

牛奶 ⅔ 杯

活性乾酵母1袋

砂糖2湯匙

麵粉3～3½杯

鹽1茶匙

冷凍奶油125公克，切片

蛋2個，打散

一個檸檬的碎皮

**製作內餡的配料：**

黑糖1¼杯

奶油75公克

水½杯

山核桃¾杯，切碎

砂糖3湯匙

肉桂粉2茶匙

葡萄乾¾杯

**1** 溫熱牛奶，加入酵母粉和糖，一直到起泡，約15分鐘。

**2** 把麵粉和鹽放入大碗中混合，加入奶油，以刮刀攪拌，直到看起來像粗糙的糕餅屑。

**3** 在中央留一小坑，加入步驟1、蛋和檸檬碎皮，用木勺從中央開始攪拌，每次翻轉都混合入麵粉，當開始變硬時，用手攪和至形成粗麵糰。

**4** 將麵糰放在撒上麵粉的平臺上，揉至光滑具有彈性，重新放入碗中，用塑膠袋封上，放在溫暖處發酵至體積爲原來的兩倍，約2小時。

**5** 同時，製作糖霜的糖漿。將糖、奶油和水混合放入一個大的深平底鍋中，加熱至沸騰，煮沸後慢熬至濃稠的糖漿狀，約10分鐘。

**6** 將烤盤的18個3.5 mm的烤杯淋上1湯匙的糖漿，再撒上一薄層的碎山核桃仁，剩餘的留著做餡用。

**7** 壓牢麵糰，放在撒上麵粉的平臺上，桿平成45×30 cm的長方形。

**8** **內餡製作：**將砂糖、肉桂粉、葡萄乾和剩餘的堅果混合，在麵糰上均勻地撒上一層。

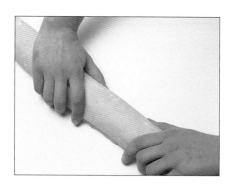

**9** 沿著較寬那邊將麵糰緊緊捲好，形成一個圓筒。

**10** 將圓筒切成18個2.5 cm的圓球，依次放入準備好的烤杯內，切面朝上，放在溫暖處發酵至體積增加一半，約30分鐘。

**11** 烤箱預熱至180℃，在烤盤下墊一層錫箔紙，以防糖漿溢出，烤至金黃色，約25分鐘。

**12** 移出烤箱，將烤盤倒扣在蠟紙上。放置3～5分鐘，然後倒出小麵包，移至架上冷卻，黏面朝上端出。

---

**烹飪提示**

準備雙份料，冷凍一半供下次使用，可節約時間和精力。

# 葡萄乾麵包 Raisin Bread

## 材 料 (2條)

活性乾酵母1袋

溫牛奶2杯

葡萄乾1杯

無核小葡萄乾½杯

雪利酒或白蘭地1湯匙

肉豆蔻末½茶匙

橘子的碎皮1個

糖⅓杯

鹽1湯匙

奶油120公克，溶化

麵粉5～6杯

蛋1個，加入1湯匙奶油，打散，用來刷表面

❶ 將酵母和半杯牛奶混合攪拌，放置溶解15分鐘。

❷ 把葡萄乾、無核小葡萄乾、雪利酒（白蘭地）、肉豆蔻末和橘子皮混合，放置一旁。

❸ 在另一個碗中，把剩餘的牛奶、糖、鹽和4湯匙奶油混合，加入發酵混合物，用木勺，攪入麵粉，每次1杯，2～3次，直至均勻混合，如有需要，可加入剩餘麵粉至形成硬麵糰。

❹ 將麵糰放在撒上麵粉的平臺上，揉至光滑具有彈性，放入刷了油的碗中，封上，放在溫暖處發酵至體積為原來的兩倍，約2½個小時。

❺ 壓牢麵糰，重新放入碗中，封上，放在溫暖處發酵30分鐘。

❻ 將2張21 × 11 ㎝的麵包烤盤上油，將麵糰分為兩半，桿成50 × 17.5 ㎝的長方形。

❼ 將麵糰刷上剩餘的奶油。鋪灑上步驟2，然後捲麵糰，捲的時候把兩端稍微裏在裏面，放入準備好的烤盤中，封上，發酵至體積為原來的兩倍。

❽ 烤箱預熱到200℃，在麵糰頂部刷上蛋汁，烘烤20分鐘。降低溫度至180℃，烤25～30分鐘至顏色呈金黃色，放在架上冷卻。

# 梅乾麵包 Prune Bread

## 材 料 (1條)

梅乾 1 杯
活性乾酵母 1 袋
全麥麵粉 ½ 杯
中筋麵粉 2½～3 杯
小蘇打 ½ 茶匙
鹽 1 茶匙
胡椒粉 1 茶匙
奶油 30 公克
酸奶 ¾ 杯
胡桃 ½ 杯，切碎
牛奶，刷表面用

① 把梅乾放入水中燉至軟化，或浸泡一晚，瀝乾，留下 ¼ 杯的浸泡液，去核並切碎梅乾。

② 混合酵母和保留的梅乾浸泡液，攪拌，溶解 15 分鐘。

③ 將麵粉、小蘇打、鹽和胡椒粉放入大碗中加以混合，在中央留一小洞。

④ 加入切碎的梅乾、奶油和酸奶，倒入步驟 2，用木勺從中央開始攪拌，每次翻轉都混合著麵粉，直至形成粗麵糰。

⑤ 麵糰放在撒上麵粉的平臺上，揉至光滑具有彈性，將麵粉放入碗中，用塑膠袋封上，放在溫暖處發酵至體積爲原來的兩倍，約 90 分鐘。

⑥ 將烤盤上油。

⑦ 用拳頭壓實麵糰，揉入胡桃。

⑧ 將麵糰揉成長圓柱形，放在烤盤上，寬鬆封上，放在溫暖處發酵 45 分鐘。

⑨ 預熱烤箱至 220℃。

⑩ 用鋒利的小刀在頂部劃上斜紋，刷上牛奶，烘烤 15 分鐘，降低溫度至 190℃，並烤約 35 分鐘至敲打底部時有空洞的聲音，放在架上冷卻。

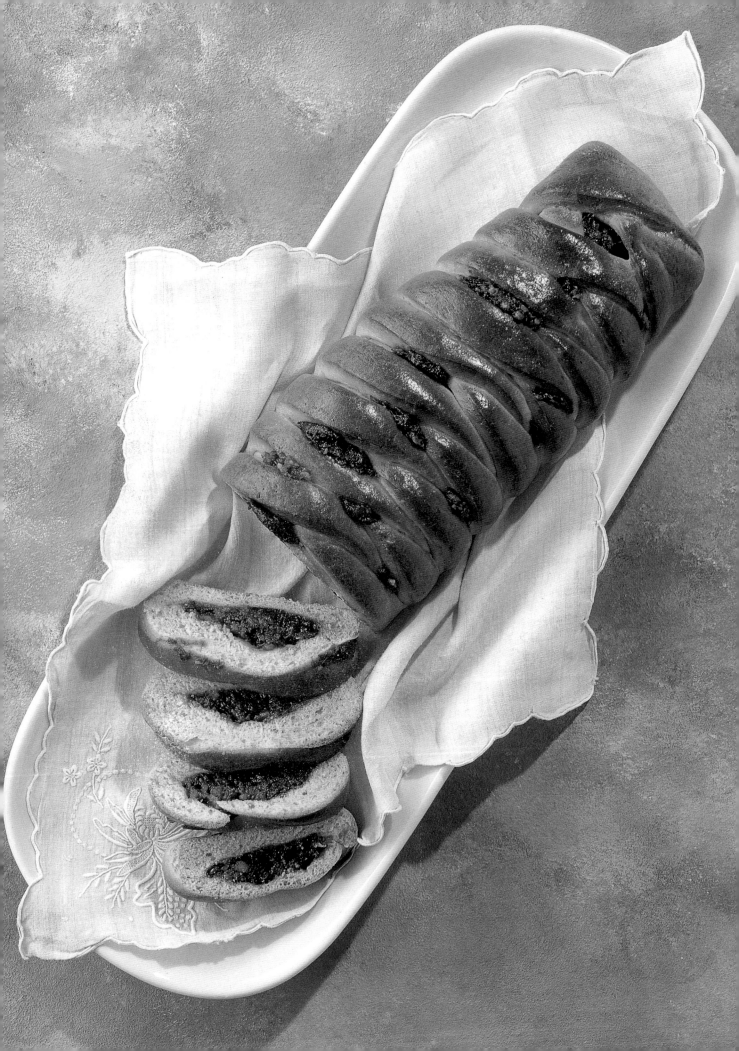

# 梅乾餡咖啡麵包 Prune-Filled Coffee Cake

## 材 料（1條）

| |
|---|
| 活性乾酵母1袋 |
| 溫水 1/4 杯 |
| 溫牛奶 1/4 杯 |
| 糖 1/4 杯 |
| 鹽 1/2 茶匙 |
| 蛋1個 |
| 奶油60公克 |
| 麵粉 3～3 1/2 杯 |
| 蛋1個，加入2茶匙水，打散，刷表面用 |
| **製作內餡的配料：** |
| 煮過的梅乾1杯 |
| 碎檸檬皮2茶匙 |
| 碎橘子皮1茶匙 |
| 新鮮肉豆蔻粉 1/4 茶匙 |
| 奶油45公克，溶化 |
| 胡桃 1/2 杯，均勻切碎 |
| 糖2湯匙 |

**1** 將酵母和牛奶放入大碗混合，攪拌並溶解15分鐘。

**2** 攪拌入牛奶、糖、鹽、蛋和奶油，慢慢加入2 1/2 杯麵粉至形成一個軟麵糰。

**3** 將麵糰放在撒上麵粉的平臺上，適度揉至麵糰光滑具有彈性，放入一個乾淨的碗中，封上，放在溫暖處發酵至體積爲原來的兩倍，約90分鐘。

### 參考做法
若要製成杏仁餡咖啡麵包，則可以等量的乾杏仁取代梅乾，並不是非得把杏仁送進烤箱烘烤不可，但在使用前，可以熱茶浸泡以軟化杏仁，並倒去浸泡的液體。

**4** **製作內餡：**將梅乾、檸檬皮、橘子皮、肉豆蔻粉、奶油、胡桃和糖均勻混合，擱置一旁。

**5** 將一個大烤盤上油，壓實麵糰，移至撒一薄層麵粉的平臺上，約略揉搓，捲成一個37 × 25 ㎝的長方形，小心地移至烤盤上。

**6** 把內餡鋪在麵糰中央。

**7** 用一把鋒利的小刀沿著餡的兩旁，將麵糰以同一個方向依序切成10條。

**8** 先將兩端折起，然後將兩旁的麵糰條交叉折疊在餡上，直至所有的麵糰條都疊上，形成麻花狀。

**9** 輕輕蓋上餐巾，放在溫暖處發酵至體積爲原來的兩倍。

**10** 預熱烤箱至190℃，將麵糰刷上蛋汁，烘烤30分鐘至麵糰呈褐色，移至架上冷卻。

# 咕咕霍夫 Kugelhopf

酵母麵包 酵母麵包

## 材 料 (1份)

葡萄乾 ¾ 杯

櫻桃酒或白蘭地 1 湯匙

活性乾酵母 1 袋

溫水 ¼ 杯

無鹽奶油 125 公克

糖 ½ 杯

蛋 3 個，置於室溫下

檸檬的碎皮一個

鹽 1 茶匙

香草精 ½ 杯

麵粉 3 杯

牛奶 ½ 杯

杏仁薄片 ¼ 杯

去皮杏仁 ½ 杯，切碎

糖粉，撒表面用

❶ 把葡萄乾和櫻桃酒（白蘭地）放入碗中混合，擱置一旁。

❷ 混合酵母和水，攪拌溶解 15 分鐘。

❸ 用電動攪拌器把奶油和糖打成鬆軟濃稠的奶油狀，打入蛋，一次一個，加入檸檬皮、鹽和香草精，攪拌入步驟2。

❹ 交替加入麵粉和牛奶，直至均勻混合，封上並放在溫暖處發酵至體積爲原來的兩倍，約2小時。

❺ 將一個 10 杯容量的咕咕霍夫蛋糕模具上油，然後在底部均勻撒上杏仁薄片。

❻ 把葡萄乾和杏仁揉入麵糰，然後用勺舀入模具中，用塑膠袋封上，放在溫暖處至麵糰膨脹至模具邊緣，約 1 小時。

❼ 預熱烤箱至 180℃。

❽ 烘烤約 45 分鐘至麵糰呈金褐色，如果頂部過快變成褐色，可鋪上一層錫箔紙保護，在模具內冷卻 15 分鐘後，倒扣在架上，在食用前，在頂部撒上糖粉。

# 義大利聖誕麵包 Panettone

## 材料（1份）

| | |
|---|---|
| 溫牛奶 ⅔ 杯 | |
| 活性乾酵母 1 袋 | |
| 麵粉 3 〜 3½ 杯 | |
| 糖 ⅓ 杯 | |
| 鹽 2 茶匙 | |
| 蛋 2 個 | |
| 蛋黃 5 個 | |
| 無鹽奶油 190 公克 | |
| 葡萄乾 ¾ 杯 | |
| 一個檸檬的碎皮 | |
| 柑桔皮蜜餞 ½ 杯，切碎 | |

❶ 牛奶和酵母粉放入一個大的熱碗中混合溶解 15 分鐘。

❷ 攪拌入 1 杯麵粉，稍微封上，放在溫暖處 30 分鐘。

❸ 攪拌入剩餘的麵粉，在中央留一小洞，加入糖、鹽、蛋和蛋黃。

❹ 用木勺攪拌至黏稠，然後用手揉至形成有彈性的黏麵糰，如果必要，再加入一點麵粉，但儘量保持麵糰的柔軟性。

❺ 抹上奶油，用手把奶油揉入麵糰，較容易混入，當均勻混合時，封上，放在溫暖處發酵至體積為原來的兩倍，約 3 〜 4 小時。

❻ 將一個容量為 8 杯的布丁模具整齊的鋪上蠟紙，然後在底部和側面刷上油。

❼ 壓實麵糰，放到一個撒上麵粉的平臺，揉入葡萄乾、檸檬皮和柑桔皮蜜餞。

❽ 把麵糰裝入模具內，用塑膠袋封上，擱置發酵至麵糰膨脹至容器頂部邊緣，約 2 小時。

❾ 預熱烤箱至 200 ℃，烘烤 15 分鐘，頂部鋪上錫箔紙，降低溫度至 180 ℃，再烤 30 分鐘，然後在模具內冷卻 5 分鐘，再轉移至架上。

# 丹麥麵包圈 Danish Wreath

## 材料 （10～12人份）

活性乾酵母1袋
溫牛奶 ½ 杯
麵粉 2½ 杯
砂糖 ¼ 杯
鹽 1 茶匙
香草精 ½ 茶匙
蛋 1 個，打散
無鹽奶油 250 公克
蛋黃 1 個，加入 2 茶匙水，打散
糖粉 1 杯
水 1～2 湯匙
山核桃，切碎

### 製作麵包餡材料：

黑糖 1 杯
肉桂粉 1 茶匙
山核桃仁 ½ 杯，烘熱、切碎
蛋白 1 湯匙，打散

1 混合酵母和牛奶，攪拌、溶解15分鐘。

2 混合麵粉、糖和鹽，在中央留一小洞，加入步驟1、香草精和蛋，攪拌至形成粗麵糰。

3 將麵糰放在撒上麵粉的平臺上，揉至光滑具有彈性，包上，放入冰箱凍15分鐘。

### 參考做法

另一種麵包餡：3個蘋果（剝皮、切碎），一個檸檬的碎皮，檸檬汁1茶匙，肉桂粉 ½ 茶匙，糖3湯匙，無核小葡萄乾 ¼ 杯，切碎的胡桃 ¼ 杯，均勻混合，用法如上。

4 同時，在兩層蠟紙中間放入半杯奶油，用桿麵杖把奶油壓平，形成 2 個 15 × 10 ㎝的長方形，擱置一旁。

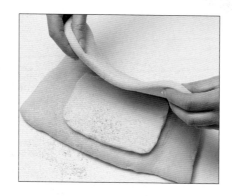

5 將麵糰揉成 30 × 20 ㎝的長方形，將一片製作好的長方形奶油放在麵糰中央，把麵糰底部面積的 ⅓ 折起，蓋在奶油上，並把邊緣封上，把另一片方形的奶油放在麵糰頂部，覆蓋住麵糰頂部面積的 ⅓。

6 轉動麵糰，讓矩形的寬邊面對自己，桿成 30 × 20 ㎝的長方形，疊成 3 褶，用手指在其中一個邊緣壓上凹痕，以示第一個曲折部位，裹上蠟紙，放入冰箱30分鐘。

7 **再重複兩次**：桿、折、標記，中間冷凍一次，在第三次折疊後，放入冰箱凍 1～2 小時或更長時間。

8 在一個大烤盤上油，把所有的麵包餡配料放在大碗中均勻混合。

9 把麵糰桿成 63 × 15 ㎝的帶狀，鋪上一薄層麵包餡，留下 1 ㎝的邊緣

10 沿矩形長邊將麵糰卷成圓筒，放在烤盤上，把兩端接上形成環狀，把碗倒扣在上面，放在溫暖處發酵45分鐘。

11 預熱烤箱至 200℃，每隔 5 ㎝開一個縫，約 1 ㎝深，刷上蛋汁，烘烤 35～40 分鐘至金黃色，放在架上冷卻，食用前，混合糖粉和水，灑在麵包上，再撒上山核桃仁。

# 派和塔

　　這裏有樣式齊全、讓人無法忘懷的派和塔：從果園的水果到秋天的堅果，從清爽的檸檬到香濃的巧克力，有較常見的，也有富於巧思的，但都具有一個共同點：它們都非常美味。

# 洋李派 <sub></sub>Plum Pie

派與塔

派

## 材 料 (8人份)

紅色或紫色李子 900 公克
檸檬的碎皮 1 個
新鮮檸檬汁 1 湯匙
糖 ½ ～ ¾ 杯
速煮樹薯粉 3 湯匙
鹽 ⅛ 茶匙
肉桂粉 ½ 茶匙
肉豆蔻粉 ¼ 茶匙
**製作派皮的配料：**
麵粉 2 杯
鹽 1 茶匙
冷凍奶油 90 公克，切塊
冷凍起酥油 60 公克，切塊
冰水 ¼ ～ ½ 杯
牛奶，刷表面用

❶ **派皮製作：** 把麵粉和鹽篩到碗中，加入奶油和起酥油，使用攪拌器，攪拌至像糕餅屑。

❷ 加入足夠的水調和成麵糰。把麵糰分為兩個麵球，其中一個稍微大於另一個，覆蓋，放入冰箱 20 分鐘。

❸ 在烤箱中央放上一個烤盤，預熱至 220℃。

❹ 把稍大的麵球放在撒有麵粉的平臺上桿開，約 0.3 ㎝ 厚，把麵糰放入 9 寸的派盤，並修整一下邊緣。

❺ 把李子分成 2 份，去果核，切成大碎片，把所有的派配料混合（如果李子很酸的話，加 3/4 杯糖），放到派皮內。

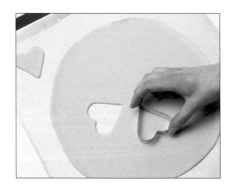

❻ 桿開另一個麵糰，放在一個鋪有蠟紙的烤盤上，壓印出 4 個心形，保存，再用蠟紙把麵糰放到派上。

❼ 修整麵糰，使邊緣部分有 2 ㎝ 垂懸在外，把頂部邊緣折到底部，邊緣捏緊，在頂部排列好心形麵糰，刷上牛奶，烘烤 15 分鐘，降低溫度至 180℃，再烤 30 ～ 35 分鐘，如果派皮過快變成褐色，鋪上一層錫箔保護膜。

# 藍莓派 Blueberry Pie

## 材 料（8人份）

藍莓450公克

糖半杯

玉米粉3湯匙

新鮮檸檬汁2湯匙

奶油30公克，切成小方塊

派皮配料：

麵粉2杯

鹽¾茶匙

冷凍奶油125公克，切塊

冷凍起酥油45公克，切塊

冰水5～6湯匙

蛋1個，加入1湯匙的水，打散，刷表面用

**❶ 派皮製作：** 麵粉和鹽篩到碗內，加入奶油和起酥油，使用攪拌器，攪拌至像糕餅屑，加入足夠的水，用叉子攪拌形成麵糰，把麵糰分為兩個同樣大小的麵球。用蠟紙裹上，放入冰箱20分鐘。

**❷** 把其中的一個麵球放在撒有麵粉的平臺上桿開，約0.3 cm厚，把麵糰放入9寸的派盤，修整，使它的邊緣留出1 cm的垂懸，在底部刷上蛋汁。

**❸** 把所有的派餡配料混合（除了奶油），保留部分藍莓做裝飾用，用湯匙把混合物舀入派皮內，並用奶油點綴，在派皮較低的地方加上蛋汁。

**❹** 在烤箱中央放上一個烤盤，預熱至220℃。

**❺** 在一個鋪有蠟紙的烤盤上桿開另一個麵糰，用鋸齒狀糕餅齒輪把麵糰切成24份細條，再將剩下的料桿平，壓印出葉子狀，用刀尖劃出葉脈。

**❻** 將麵糰細條編製成細格子狀，用蠟紙移到派皮上，邊緣捏緊，修整麵糰，在邊緣處排列好葉狀麵糰，刷上蛋汁。

**❼** 烘烤10分鐘，降低溫度至180℃，烤40～45分鐘至派皮呈金黃色，再裝飾上保留的藍莓。

# 覆盆莓派 Raspberry Pie

派與塔

派

## 材料（8人份）

蛋黃4個
糖 ⅓ 杯
麵粉 3 湯匙
牛奶 1¼ 杯
鹽 ⅛ 茶匙
香草精 ½ 茶匙
新鮮覆盆莓 450 公克
葡萄果醬 5 湯匙
新鮮橘子汁 1 湯匙

**製作派皮的配料：**

麵粉 1¼ 杯
泡打粉 ½ 茶匙
鹽 ¼ 茶匙
糖 1 湯匙
半個橘子的碎皮
冷凍奶油 90 公克，切塊
蛋黃 1 個
液態鮮奶油 45～60 公克

**❶ 派皮製作**：麵粉、泡打粉和鹽篩到碗內，拌入糖和橘皮，加入奶油，並用攪拌器攪拌至混合物像糕餅屑，加入蛋黃和足夠的奶油，用叉子攪拌形成麵糰，揉成一個麵球，用蠟紙裹上，放入冰箱。

**❷ 卡士達醬製作**：蛋黃和糖混合打至濃稠，呈檸檬色，逐步加入麵粉。

**❸** 牛奶和鹽放入深鍋中煮至恰好沸騰，然後端離熱源，迅速攪拌入步驟2，重新放入鍋中，適度的加熱持續攪拌至沸騰，再煮3分鐘，使之變濃稠，迅速移至碗中，加入香草，攪拌混合。

**❹** 封上蠟紙，以防表面生成硬皮。

**❺** 預熱烤箱至200℃，把麵糰放在撒上麵粉的平板上桿成0.3 cm厚的麵糰。然後把麵糰放入一個25 cm的派盤中，修整邊緣，用叉子戳底部，然後鋪上弄皺的蠟紙，在盤內填滿砝碼，烘烤15分鐘。移開蠟紙和砝碼。繼續烘烤6～8分鐘至金黃色，放涼。

**❻** 在派皮內抹上均勻的一層步驟3，再將覆盆莓排列上去，在鍋內溶化葡萄果醬和橘子汁，刷在派頂部。

# 大黃櫻桃派 Rhubarb Cherry Pie

## 材 料（8人份）

大黃450公克，切成 2.5 cm 長的片狀
罐裝的去核紅櫻桃或黑櫻桃罐頭450
公克，瀝乾，做內餡
糖 1¼ 杯
速煮樹薯粉 ¼ 杯
**製作派皮的配料：**
麵粉 2 杯
鹽 1 茶匙
冷凍奶油90公克，切碎
冷凍起酥油60公克，切碎
冰水 ¼ ～ ½ 杯
牛奶，刷表面用

**①** 派皮製作：麵粉和鹽篩到碗
內，奶油和起酥油放入乾配
料中，使用攪拌器，攪拌至
像糕餅屑。

**②** 加入足夠的水，用叉子攪拌
形成麵糰，把麵糰分為兩個
麵球，其中一個稍微大於另
一個，用蠟紙裹上，放入冰
箱至少20分鐘。

**③** 在烤箱中央放上一個烤盤，
預熱至200℃。

**④** 把較大的麵糰放在撒有一薄
層麵粉的平臺上桿開，約0.3
cm 厚。

**⑤** 把麵糰捲在桿麵杖上，再移到9
寸的派盤上，修整邊緣，留出1
cm 的垂懸。

**⑥** 在做派餡的同時，把派皮放入冰
箱冷凍。

**⑦** 把大黃、櫻桃、糖和樹薯粉放入
大碗中加以攪拌，再用湯匙舀到
派皮中。

**⑧** 桿開另一個麵糰，切出葉片形麵
糰。

**⑨** 把麵糰鋪在派皮上，在邊緣留出
2 cm 的垂懸，將頂部的邊緣折到
底部，在頂部邊緣捏出凹槽，把
碎料揉成小球，在葉片形麵糰上
割出葉脈，和小麵球一塊擺放在
派上。

**⑩** 在派上刷上糖霜，烘烤40 ～ 45
分鐘至金黃色。

# 蜜桃葉形派 Peach Leaf Pie

## 材料 (8人份)

熟桃子 1125 公克

一個檸檬的果汁

糖 ½ 杯

玉米粉 3 湯匙

肉豆蔻粉 ¼ 茶匙

肉桂粉 ½ 茶匙

奶油 30 公克，切成方塊

**製作派皮的配料：**

麵粉 2 杯

鹽 ¾ 茶匙

冷凍奶油 125 公克，切碎

冷凍起酥油 45 公克，切碎

冰水 5～6 湯匙

蛋 1 個，加入 1 湯匙水，打散，刷表面用

① **派皮製作：**把麵粉和鹽篩到碗內，放入奶油和起酥油，使用攪拌器，攪拌至像糕餅屑。

② 加入足夠的水，用叉子攪拌形成麵糰。把麵糰分為兩份，其中一份稍微大於另一份，用蠟紙裹上，放入冰箱至少 20 分鐘。

③ 在烤箱中央放上一個烤盤，預熱至 220℃。

④ 把一些桃子放入沸水中煮 20 秒，然後放入冷水中，冷卻之後，去皮。

⑤ 把桃子切片，混入檸檬汁、糖、玉米粉和香料，待用。

⑥ 把較大的麵球放在撒有一薄層麵粉的平臺上桿開，約 0.3 cm 厚。轉移到 9 寸的派盤上，修整邊緣，放入冰箱。

⑦ 桿開另一個麵糰，0.5 cm 厚，割出 7.5 cm 長的葉片狀麵糰，如果需要可以用模子壓印，用小刀劃出葉脈，把碎料揉成小球。

⑧ 在餡派皮底部刷上蛋汁，把桃子逐層鋪上，中間往上漸高，塗上奶油。

⑨ 沿邊緣一圈開始，在桃子上蓋上葉片形麵糰，再往上交錯堆疊上第二層，這樣繼續往上堆疊，直至桃子全部被蓋上，把小麵球擺在派中央，刷上糖霜。

⑩ 烘烤 10 分鐘。降低溫度至 180℃，再烤 35～40 分鐘。

### 烹飪提示

要把派皮放在預熱過的烤盤上，有助於使派皮變香脆。內餡的濕氣使得底部派皮比頂部軟，而這種烘烤方法能夠彌補頂部派皮更易受熱的缺陷。

# 蘋果蔓越莓格子派 Apple-Cranberry Lattice Pie

## 材 料 (8人份)

橘子1個的碎皮
新鮮橘子汁3湯匙
派用大蘋果2個
蔓越莓1杯
葡萄乾 ½ 杯
胡桃 ¼ 杯，切碎
砂糖1杯又1湯匙
黑糖 ½ 杯
速煮樹薯粉1湯匙

**製作派皮的配料：**
麵粉2杯
鹽 ½ 茶匙
冷凍奶油90公克，切碎
冷凍起酥油60公克，切碎
冰水 ¼ ～ ½ 杯

① **派皮製作：** 把麵粉和鹽篩到碗內，放入奶油和起酥油，用手揉勻至像糕餅屑，加入足夠的水，用叉子攪拌形成麵糰，把麵糰分為兩個一樣大的麵球，用蠟紙裹上，放入冰箱至少20分鐘。

② 把橘子皮和橘子汁放到碗中混合，將蘋果削皮、去核，然後磨碎後倒入碗中，攪拌入蔓越莓、葡萄乾、胡桃、1杯的砂糖、黑糖和樹薯粉。

③ 在烤箱內放一個烤盤，預熱烤箱至200℃。

④ 在一個撒有麵粉的平面上，把其中的一個麵糰壓成0.3 cm厚，然後放到一個23 cm的派盤上，修整邊緣部分，把步驟2舀入派皮中。

⑤ 把剩餘的麵糰壓成直徑約27 cm的圓薄餅，用鋸齒狀糕餅齒輪把麵糰切成10細條，每條寬度2 cm，將其中的5條水平放置在派上方，細條之間的間隔2.5 cm，在垂直方向編入另外5條，修整邊緣，在派上撒上剩餘的1湯匙糖。

⑥ 烘烤20分鐘，然後降低溫度至180℃，烘烤至派皮變成金黃色而且內餡開始往上膨脹，約15分鐘。

派與塔

派

# 開放式蘋果派 Open Apple Pie

## 材料（8人份）

食用或烹飪用的脆蘋果1360公克

糖 ¼ 杯

肉桂粉 2 茶匙

檸檬的碎皮和果汁 1 個

奶油 30 公克

蜂蜜 2～3 湯匙

**製作派皮的配料：**

麵粉 2 杯

鹽 ½ 茶匙

冷凍奶油 125 公克，切塊

冷凍起酥油 45 公克，切塊

冰水 5～6 湯匙

① **派皮製作：** 把麵粉和鹽篩到碗中，加入奶油和起酥油，使用攪拌器，攪拌至像糕餅屑。

② 放入少許水，用湯匙攪拌麵糰，捲成一個球，包上蠟紙，放在冰箱至少20分鐘。

③ 在烤箱中央放一個烤盤，把烤箱預熱到200℃。

④ 把蘋果削皮、去核，然後切成片，在碗中加入糖和肉桂粉，再加入蘋果、檸檬皮和檸檬汁，然後加以攪拌。

⑤ 在一個撒有麵粉的平面上，把麵球壓成直徑約為30㎝的圓餅，然後放到一個直徑9寸的深派盤中，麵糰懸垂在盤的邊緣，放入蘋果片。

⑥ 將邊緣疊入盤內，弄成捲曲狀，形成一個裝飾的邊緣，在蘋果上點綴塊狀的奶油。

⑦ 在熱的烤盤上烘烤約45分鐘至派皮為金黃色，蘋果脆嫩。

⑧ 在深平底鍋中溶化蜂蜜，淋在蘋果上，溫熱時或置於室溫下食用。

# 蘋果派 Apple Pie

## 材料（8人份）

派用蘋果 900 公克
麵粉 2 湯匙
糖 ½ 杯
新鮮檸檬汁 1½ 湯匙
肉桂粉 ½ 茶匙
五香粉 ½ 茶匙
薑粉 ¼ 茶匙
肉豆蔻粉 ¼ 茶匙
鹽 ¼ 茶匙
奶油 60 公克，切成小方塊

**製作派皮的配料：**

麵粉 2 杯
鹽 1 茶匙
冷凍奶油 90 公克，切碎
冷凍起酥油 60 公克，切碎
冰水 ¼ ～ ½ 杯

❶ **派皮製作**：把麵粉和鹽篩到
碗裏。

❷ 加入奶油和起酥油，放入攪
拌器攪拌或者用手捏，直至
像糕餅屑，放入少許水，用
湯匙攪拌麵糰。

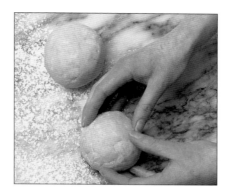

❸ 捲成一個球，包上蠟紙，放在冰
箱 20 分鐘。

❹ 在一個撒有麵粉的平面上，把其
中的一個麵糰壓成 0.3 cm 厚，然
後放到一個 33 cm 的派盤上，修
整邊緣部分，在烤箱中央放一個
烤盤，把烤箱預熱到 220℃。

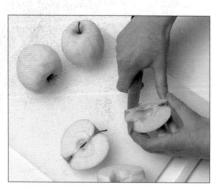

❺ 把蘋果削皮、去核，然後切成
片，放入碗中，在碗中慢慢攪拌
入麵粉、糖、檸檬汁、香料和
鹽，用湯匙舀入派皮中，然後用
奶油點綴。

❻ 把另一個麵糰壓平，然後放在派
皮上，修整邊緣，留出 2 cm 的垂
懸邊緣，把垂懸的邊緣折入餅的
底部，輕輕按壓使之能完全接
合，然後在邊緣弄出褶皺，成花
飾狀。

❼ 把麵糰碎屑揉成一團，然後切出
葉片形狀的麵糰和小圓球，擺放
在派上方，並且割出一些蒸汽排
放孔。

❽ 烘烤 10 分鐘，降低溫度至 180
℃，烘烤 40 ～ 45 分鐘至金黃
色，如果派太快變成褐色，可以
鋪上一層錫箔紙。

---

**烹飪提示**

選擇蘋果時，要注意挑一些脆而酸
的蘋果，像喬納森蘋果、青蘋果、
史密斯蘋果或暗紅色晚熟蘋果。馬
金托什蘋果和紅香蘋果在烤的過程
中會變軟。

# 蘋果梨派 Pear-Apple Crumb Pie

## 材料（8人份）

較硬的梨 3 個

派用蘋果 4 個

糖 ¾ 杯

玉米澱粉 2 湯匙

鹽 ⅛ 茶匙

檸檬的碎皮 1 個

新鮮檸檬汁 2 湯匙

葡萄乾 ½ 杯

麵粉 ¾ 杯

肉桂粉 1 茶匙

冷凍奶油 90 公克，切塊

**製作派皮的配料：**

麵粉 1 杯

鹽 ½ 茶匙

冷凍起酥油 85 公克，切塊

冰水 2 湯匙

① **派皮製作**：麵粉和鹽篩到碗裏，加入起酥油，使用攪拌器攪拌至像糕餅屑，放入少許水，用湯匙攪拌麵糰，捲成一個球，然後放在一個撒有麵粉的平臺上，壓成一個約 0.3 cm 厚的麵餅。

② 把麵餅鋪在一個 9 寸的淺派盤中，修整邊緣，留出 1 cm 的垂懸，把垂懸部分往外捲到下面，使邊緣的派有兩層的厚度，用手指在邊緣壓出凹槽，放入冰箱。

③ 在烤箱中央放一個烤盤，把烤箱預熱到 230℃。

④ 把梨削皮、去核，然後切成片，放入碗中，然後把蘋果削皮、去核，再切成片，也放入同一個碗中，在碗中輕輕攪拌入 ⅓ 杯的糖、玉米澱粉、鹽和檸檬皮，再加入檸檬汁和葡萄乾，攪拌至均勻混合。

⑤ **派上的糕餅屑製作**：把剩餘的糖、麵粉、肉桂粉和奶油放入碗裏混合，用手指捏勻至像糕餅屑，備用。

⑥ 把水果餡料舀入派皮中，然後在派上鋪撒上一層均勻的糕餅屑。

⑦ 烘烤 10 分鐘後把溫度降低到 180℃，在派上輕輕鋪上一層錫箔紙，繼續烘烤 35～40 分鐘至派呈褐色。

# 巧克力梨派 Chocolate Pear Pie

## 材料（8人份）

半甜巧克力115公克，切碎

熟的硬梨3個

蛋1個

蛋黃1個

淡味液態鮮奶油125公克

香草精½茶匙

糖3湯匙

**製作派皮的配料：**

麵粉1杯

鹽⅛茶匙

糖2湯匙

無鹽冷凍奶油125公克，切塊

蛋黃1個

新鮮檸檬汁1湯匙

❶ **派皮製作**：把麵粉和鹽篩到碗裏，加入糖和奶油，使用攪拌器攪拌至像糕餅屑，放入蛋黃和檸檬汁，用湯匙攪拌至形成麵糰，捲成一個球，然後裏上蠟紙，放入冰箱至少20分鐘。

❷ 在烤箱中央放一個烤盤，烤箱預熱到200℃。

❸ 在一個撒有麵粉的平面上，把麵糰壓成0.3 cm厚的麵餅，修整邊緣，然後放到一個10寸的派盤上。

❹ 把切碎的巧克力鋪撒在派底部。

❺ 把梨削皮、去核，然後切半，然後切成薄片狀，同扇形般稍微擺開。

❻ 用金屬抹刀把切好的梨一整排一整排地移到派皮中，依放射狀擺設。

❼ 把蛋、蛋黃、奶油和香草精一塊攪拌，用長柄勺澆在梨上，然後再撒上糖。

❽ 烘烤10分鐘後，把溫度降低到180℃，烘烤20分鐘至卡士達凝固，梨開始生成焦糖，置於室溫下時食用。

# 焦糖翻轉梨派 Caramelized Upside-Down Pear Pie

## 材 料 (8人份)

熟的硬梨 5～6 個

糖 ¾ 杯

無鹽奶油 125 公克

打發鮮奶油，配料用

**製作派皮的配料：**

中筋麵粉 ¾ 杯

低筋麵粉 ¼ 杯

鹽 ¼ 茶匙

冷凍奶油 135 公克，切塊

冷凍起酥油 45 公克，切塊

冰水 ¼ 杯

❸ 把梨削皮、去核，然後切成 4 份，放入碗中，然後加入幾湯匙的糖。

❻ 讓水果冷卻，壓出一塊圓派皮，直徑稍微大於長柄淺鍋，把派皮放在梨上，把邊緣部分折疊進去。

❼ 烘烤 15 分鐘後，把溫度降低至 180℃，烘烤至金黃色，約再 15 分鐘。

❶ **派皮製作：**把麵粉和鹽篩到碗裏，加入奶油和起酥油，使用攪拌器攪拌至像糕餅屑，放入足夠的水，用湯匙攪拌至形成麵糰，捲成一個球，然後裹上蠟紙，放入冰箱至少 20 分鐘。

❷ 把烤箱預熱到 200℃。

❹ 在一個 10.5 寸的耐烤箱高溫的長柄淺鍋上，用中火溶化奶油，加入剩餘的糖。當顏色開始變化時，在鍋的邊緣和中央均勻擺上一層切好的梨。

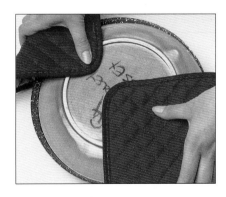

❽ 讓派在淺鍋中冷卻 3 分鐘，然後用小刀在邊緣刮一圈，戴上防熱手套，把一個盤子倒扣在淺鍋上，然後迅速翻轉。

❾ 如果有梨黏在鍋上的話，小心地用金屬抹刀鏟起，然後放入盤子裏，溫熱時食用，可以用打發鮮奶油做配料。

### 參考做法

如果要製作焦糖翻轉蘋果派的話，可以用 9 個蘋果代替梨，也許看起來蘋果比梨的用量多，但是那主要是因為蘋果烘烤後會有點縮水。

❺ 繼續加熱，不要蓋上蓋子，直到生成焦糖，約 20 分鐘。

# 檸檬蛋白糖霜派 Lemon Meringue Pie

## 材料（8人份）

大檸檬的碎皮和果汁1個

冷水1杯加1湯匙

糖½杯加6湯匙

奶油30公克

玉米澱粉3湯匙

蛋3個，蛋黃和蛋白分離

鹽⅛茶匙

塔塔粉⅛茶匙

**製作派皮的配料：**

麵粉1杯

鹽½茶匙

冷凍起酥油85公克，切片

冰水2湯匙

❸ 把垂懸部分折到裏面，然後用手捏出邊緣花飾，然後把派皮放入冰箱至少20分鐘。

❹ 預熱烤箱至200℃。

❺ 用叉子在底部紮出小孔，鋪上一層弄皺的蠟紙，再放上做派用的砝碼。烘烤12分鐘，取出砝碼和蠟紙，繼續烘烤6～8分鐘至金黃色。

❻ 在燉鍋中，混合檸檬皮、檸檬汁、1杯水、奶油和½杯的糖，把混合物煮沸。

❼ 同時，把玉米澱粉倒入混合碗中，加入剩餘的水溶解，再加入蛋黃。

> **參考做法**
> 如果要製作酸橙蛋白糖霜派的話，可以用2個中等大小的酸橙碎皮和酸橙汁代替檸檬碎皮和檸檬汁。

❶ **派皮製作：**麵粉和鹽篩到碗裏，加入起酥油，使用攪拌器攪拌至像糕餅屑，用叉子攪拌入足夠的水，調和麵糰。把麵糰捲成一個麵球。

❷ 把麵球放在撒有一薄層麵粉的平臺上桿開，約0.3㎝厚。然後放到9寸的派盤裏，修整邊緣，留出1㎝的垂懸邊緣。

❽ 把步驟7加入步驟6中，重新加熱，同時不斷攪拌使其變濃稠，約5分鐘。

❾ 鋪上一層蠟紙，以防形成一層表皮，放涼。

❿ **蛋白糖霜製作：**用電動攪拌器把蛋白、鹽和塔塔粉一塊攪拌，直至形成濕性發泡，加入剩餘的糖，攪拌至色澤光亮。

⓫ 把步驟8攪拌至派皮中，平鋪一層，再把蛋白糖霜舀入派皮中，用湯匙鋪平至派皮邊緣，不留縫隙，烘烤12～15分鐘至金黃色。

# 楓糖胡桃派 Maple Walnut Pie

## 材料（8人份）

蛋 3 個
鹽 ⅛ 茶匙
砂糖 ¼ 杯
奶油或乳瑪琳 60 公克，溶化
純楓糖汁 1 杯
胡桃 1 杯，切碎
打發鮮奶油，裝飾用

**製作派皮的配料：**

中筋麵粉 ½ 杯
全麥麵粉 ½ 杯
鹽 ⅛ 茶匙
冷凍奶油 60 公克，切片
冷凍起酥油 45 公克，切片
蛋黃 1 個
冰水 2～3 湯匙

① **派皮製作**：把麵粉和鹽篩到碗裏，加入奶油和起酥油，使用攪拌器，攪拌至像糕餅屑，加入蛋黃和足夠的水，用叉子調和麵糰。

② 把麵糰捲成一個麵球，裹上蠟紙，放入冰箱 20 分鐘。

③ 預熱烤箱至 220℃。

④ 把麵球放在撒有一薄層麵粉的平臺上桿開，約 0.3 ㎝厚，然後放到 9 寸的派盤裏，修整邊緣，裝飾：把切除的部分再揉成麵糰，用小桃心狀的刀具，切出足夠擺滿派殼邊緣的心形薄片，用刷子把派邊緣沾濕，然後擺放上一圈的小桃心。

⑤ 用叉子在底部刺出小孔，然後鋪上一層弄皺的蠟紙，再放上做派用的砝碼，烘烤 10 分鐘，然後取出砝碼和蠟紙，繼續烘烤 3～6 分鐘至金褐色。

⑥ 把蛋、鹽和糖一起放入碗裏攪拌，再放入奶油或乳瑪琳和楓糖汁，攪拌均勻。

⑦ 把派皮放在一塊烤盤上，倒入步驟 6，然後在頂部撒上胡桃。

⑧ 烘烤至剛好凝固，約 35 分鐘，放在架上冷卻，如果願意的話，可以裝飾上打發鮮奶油。

派與塔

派

# 南瓜派 Pumpkin Pie

## 材料（8人份）

煮過的或罐裝的南瓜 2 杯

打發鮮奶油 250 公克

蛋 2 個

黑糖 ½ 杯

無色玉米糖漿 4 湯匙

肉桂粉 1½ 茶匙

薑粉 1 茶匙

丁香粉 ¼ 茶匙

鹽 ½ 茶匙

**製作派皮的配料：**

麵粉 1½ 杯

鹽 ½ 茶匙

冷凍奶油 90 公克，切片

冷凍起酥油 45 公克，切片

冰水 3～4 湯匙

❶ **派皮製作：**把麵粉和鹽篩到碗裏，加入奶油和起酥油，使用攪拌器，攪拌至像糕餅屑，加入足夠的水調和麵糰，把麵糰捲成一個麵球。裹上蠟紙，放入冰箱至少 20 分鐘。

❷ 把麵球桿開，約 0.3 cm 厚，然後放到 9 寸的派盤裏，切去邊緣部分，把切除的部分揉成麵糰，切出葉片形狀的薄片，用沾過水的刷子把派皮邊緣沾濕。

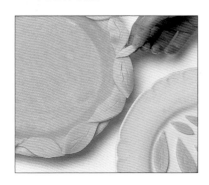

❸ 把葉片狀的麵皮擺放在派皮的邊緣，放入冰箱 20 分鐘，預熱烤箱至 200℃。

❹ 用叉子在底部刺出小孔，然後鋪上一層弄皺的蠟紙，再放上做派用的砝碼，烘烤 12 分鐘，然後取出砝碼和蠟紙，繼續烘烤 6～8 分鐘至金黃色，降低烤箱溫度至 190℃。

❺ 把南瓜、奶油、蛋、糖、玉米糖漿、香料和鹽一起攪拌，倒入派皮中，烘烤至凝固，約 40 分鐘。

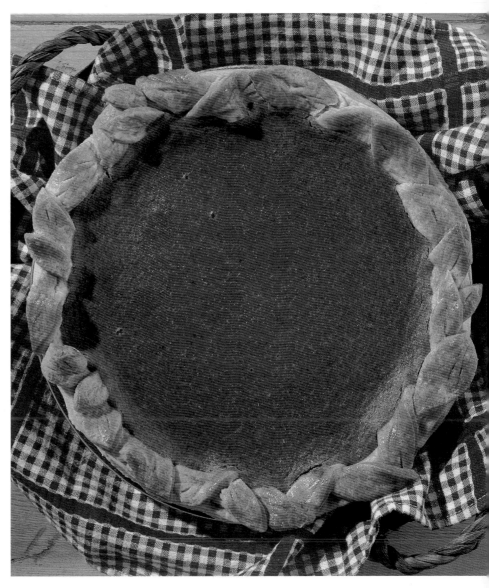

# 什錦果仁派 Mince Pie

## 材料（36人份）

用沸水去皮的杏仁1杯，切勻

乾的杏仁1杯，切勻

葡萄乾1杯

無核小葡萄乾1杯

糖漬櫻桃1杯，切碎

糖漬橘皮1杯，切碎

牛油250公克，切勻

檸檬的碎皮和果汁2個

橘子的碎皮和果汁1個

黑糖1杯

派用蘋果4個，削皮、去核、切碎

肉桂粉2茶匙

肉豆蔻粉1茶匙

丁香粉½茶匙

白蘭地1杯

奶油乳酪225公克

砂糖2湯匙

糖粉，撒表面用

**製作派皮的配料：**

糖粉1¼杯

冷凍奶油375公克，切片

橘子的碎皮和果汁1個

牛奶，刷表面用

麵粉3杯

① 堅果、乾果、蜜餞果子、牛油、檸檬皮、檸檬汁、黑糖、蘋果和香料混合放入碗裏。

② 倒入白蘭地，蜂蜜，放在涼爽處2天。

③ **派皮製作**：把麵粉和糖粉篩到碗裏，拌入奶油，攪拌至像糕餅屑。

④ 加入橙子皮，攪拌入足夠的橙汁調和，揉成一個球，裹上蠟紙，放入冰箱至少20分鐘。

⑤ 預熱烤箱至220℃，將2～3個有瑪芬烤杯的烤盤上油，把奶油乳酪和砂糖一起攪拌。

⑥ 把麵糰桿開，約0.5cm厚，用一個帶有凹槽的派切具，壓出36個7cm的圓薄片。

---
**烹飪提示**

內餡混合物可以裝在消毒的罐子裏，封上，這樣可以放在冰箱裏幾個月，可以放入蘋果派中增添一點風味，或放入桿成極薄的派皮做成小的派。

---

⑦ 把小圓薄片放入烤盤裏，填入內餡，約一半的高度，在上面放上1茶匙的奶油乳酪。

⑧ 把麵糰剩餘的料重新揉成麵糰，用帶有凹槽的派切具，切出36個5cm的小圓薄餅，在派皮的邊緣刷上牛奶，然後把圓薄餅放在上面，然後在頂部畫十字切出蒸汽出孔。

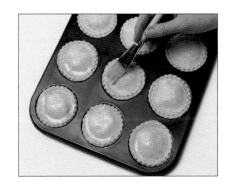

⑨ 稍微刷點牛奶，烘烤15～20分鐘至金黃色，冷卻10分鐘後取下模具，撒上糖粉。

# 驅蠅派 Shoofly Pie

## 材料 (8人份)

麵粉 1 杯

黑糖 ½ 杯

鹽、薑粉、肉桂粉、豆蔻香料和肉

豆蔻粉各 ¼ 茶匙

冷凍奶油 90 公克，切塊

蛋 2 個

糖漿 ½ 杯

沸水 ½ 杯

蘇打粉 ½ 茶匙

**製作派皮的配料：**

奶油乳酪 115 公克，置於室溫下，

切塊

冷凍奶油 125 公克，切塊

麵粉 1 杯

**1** 派皮製作：把奶油乳酪和奶油放入碗裏混合，篩入麵粉。

**2** 使用攪拌器，攪拌至麵糰能夠揉成一團，裹上蠟紙，放入冰箱至少 30 分鐘。

**3** 在烤箱中央放入一塊烤盤，預熱至 190℃。

**4** 把麵粉、糖、鹽、香料和冷凍奶油塊放入碗裏，用手揉捏，直至像糕餅屑，備用。

**5** 把麵糰放在撒有一薄層麵粉的平臺上桿開，約 0.3 cm 厚，然後放到 9 寸的派盤裏，切去垂懸部分，用手捏出邊緣花飾。

**6** 用湯匙舀 ⅓ 的糕餅屑到派皮裏。

**7** 內餡完成過程：把蛋和糖漿放入大碗裏攪拌。

**8** 測量熱水，然後倒入小碗中，加入蘇打後，水會起泡沫，立即倒入雞蛋混合物，攪拌至均勻混合，小心倒入派皮，然後在上面均勻撒上一層剩餘的糕餅屑。

**9** 放在烤熱的烤盤上烘烤至褐色，約 35 分鐘，冷卻，置於室溫下時食用。

# 絲絨摩卡乳酪派 Velvet Mocha Cream Pie

## 材料 (8人份)

即溶濃咖啡 2 茶匙
熱水 2 湯匙
液態鮮奶油 375 公克
半甜巧克力 170 公克
無糖巧克力 30 公克
打發鮮奶油 125 公克，裝飾用
裹有巧克力的咖啡豆，裝飾用
**製作派皮的配料：**
巧克力威化餅乾屑 1½ 杯
糖 2 湯匙
奶油 85 公克，溶化

**1** **派皮製作**：把巧克力威化餅乾屑和糖混合在一起，然後攪拌入溶化的奶油。

**2** 倒入一個 23 cm 的派盤裏，在盤子底部和邊緣都均勻按壓上一層，放入冰箱直至穩固。

**3** 在碗裏倒入水，然後放入咖啡溶解，備用。

**4** 把兩種巧克力隔水加熱溶化，快溶化時，端離熱源，繼續攪拌至完全溶化，然後把容器底部放在冷水中降溫，注意千萬不要讓任何水花濺到巧克力中，那樣的話，巧克力會產生紋理。

**5** 把奶油倒入混合碗中，把碗放在熱水中溫熱奶油，使溫度跟巧克力的差不多。

**6** 用電動攪拌器攪拌至略微鬆軟，加入溶解的巧克力攪拌至奶油剛好成形。

**7** 當巧克力的溫度達到置於室溫下時，用大湯匙小心地把它調入奶油中。

**8** 把混合物倒入冷卻的派皮中，放入冰箱直至凝固，食用前，用蛋糕擠花袋把生奶油擠出玫瑰花飾，點綴在派邊緣，然後在每個玫瑰花飾中間放上一粒裹有巧克力的咖啡豆。

# 起司派 Chess Pie

## 材料（8人份）

蛋 2 個
液態鮮奶油 45 公克
黑糖 ½ 杯
砂糖 2 湯匙
麵粉 2 湯匙
波旁威士忌酒或威士忌 1 湯匙
奶油 45 公克，溶化
胡桃 ½ 杯，切碎
去核棗子 ¾ 杯
打發鮮奶油，配料用

**製作派皮的配料：**
冷凍奶油 90 公克
冷凍起酥油 45 公克
麵粉 1½ 杯
鹽 ½ 茶匙
冰水 3 ～ 4 湯匙

① **派皮製作：** 把奶油和起酥油切成小塊。

② 把麵粉和鹽篩到碗裏，加入奶油，放入攪拌器，攪拌至像糕餅屑，加入足夠的水調和麵糰，把麵糰揉成一個麵球，裏上蠟紙，放入冰箱至少 20 分鐘。

③ 在烤箱中央放入一塊烤盤，預熱至 190 ℃。

④ 把麵球桿成約 0.3 cm 厚的麵餅，然後放到 9 寸的派盤裏，切除垂懸部分，把切除的部分重新揉成麵糰，再切成細條，編成辮子，把刷子沾上水，在派皮邊緣刷一圈，然後沿著邊緣放上用麵糰編成的辮子。

⑤ 把蛋和奶油放入混合碗中攪拌。

⑥ 加入糖後，攪拌均勻篩入 1 湯匙的麵粉，調和，再加入波旁酒或威士忌、溶化的奶油和胡桃，攪拌至均勻混合。

⑦ 把棗子和剩餘的麵粉混合後，倒入步驟 6。

⑧ 把步驟 7 倒入派皮中，烘烤約 35 分鐘至派呈金色，派呈膨脹狀態，置於室溫下時食用，如果需要的話，可以配上打發鮮奶油食用。

# 椰子奶油派 Coconut Cream Pie

## 材料（8人份）

切成薄片的椰肉 2½ 杯

糖 ⅔ 杯

玉米澱粉 4 湯匙

鹽 ⅛ 茶匙

牛奶 625 公克

液態鮮奶油 65 公克

蛋黃 2 個

無鹽奶油 30 公克

香草精 2 茶匙

**製作派皮的配料：**

麵粉 1 杯

鹽 ¼ 茶匙

冷凍奶油 45 公克，切塊

冷凍起酥油 30 公克

冰水 2 ～ 3 湯匙

① **派皮製作**：把麵粉和鹽篩到碗裏，加入奶油和起酥油，用攪拌器攪拌至像糕餅屑。

② 加入足夠的水，用叉子調和麵糰，把麵糰捲成一個麵球，裹上蠟紙，放入冰箱至少 20 分鐘。

③ 預熱烤箱至 220 ℃，把麵球桿成約 0.3 cm 厚的麵餅，然後放到 9 寸的派盤裏，切除多餘部分，修整邊緣，在底部刺上小孔，然後鋪上一層弄皺的蠟紙，再放上做派用的砝碼，烘烤 10 ～ 12 分鐘。然後取出砝碼和蠟紙，降低溫度至 180 ℃，繼續烘烤 10 ～ 15 分鐘至褐色。

④ 在烤盤上鋪撒上 1 杯的椰絲，放入烤箱烘烤 6 ～ 8 分鐘至金黃色，烘烤時不斷地翻動，放置一旁，做裝飾用。

⑤ 把糖、玉米澱粉和鹽放入深平底鍋中，牛奶、奶油和蛋黃放入碗裏攪拌後，倒入深平底鍋中。

⑥ 低溫加熱，且不時加以攪拌，直到沸騰，沸騰 1 分鐘後，端離熱源，加入奶油、香草精和剩餘的椰絲。

⑦ 倒入預先準備好的派皮中，冷卻的時候，在中間撒上一圈烘烤過的椰絲。

# 黑底派 Black Bottom Pie

## 材料（8人份）

無味明膠 2 茶匙

冷水 3 湯匙

蛋 2 個，蛋黃和蛋白分離

糖 1 杯

玉米澱粉 2 湯匙

鹽 ½ 茶匙

牛奶 2 杯

無糖巧克力 55 公克，切勻

朗姆酒 3 湯匙

塔塔粉 ¼ 茶匙

巧克力卷，裝飾用

**製作派皮的配料：**

小薑餅餅屑 1½ 杯

奶油 85 公克，溶化

❶ 預熱烤箱至 180℃。

❷ **派皮製作：** 把餅乾屑和溶化的奶油混合。

❸ 倒入一個 9 寸的派盤裏，在盤子底部和邊緣都均勻按壓上一層，烘烤 6 分鐘，冷卻。

❹ 把明膠放入水中泡軟。

❺ 把蛋黃放在大的混合碗中打散，備用。

❻ 把玉米澱粉、鹽和一半的糖放入深平底鍋中混合，慢慢攪拌入牛奶，加熱 1 分鐘，不時加以攪拌。

❼ 把步驟 6 攪拌入蛋黃中，然後全部倒回深平底鍋中，重新加熱、攪拌，加熱 1 分鐘後，繼續攪拌，然後端離熱源。

❽ 量出 1 杯熱的步驟 7，倒入碗中，把切勻的巧克力加入步驟 7 的碗裏，攪拌至溶化，再加入一半的朗姆酒，然後把混合物倒入派皮中。

❾ 把泡軟的明膠放入剛才剩餘的蛋奶糊中，直到明膠完全溶解，攪拌入剩餘的朗姆酒，把深平底鍋放入冷水中，冷卻到置於室溫下。

❿ 用電動攪拌器把蛋白和塔塔粉攪拌至形成濕性發泡，再加入一半剩餘的糖，攪拌至色澤光滑，然後調入剩餘的糖。

⓫ 把蛋奶糊倒入蛋白混合物中，然後舀到派皮裏的巧克力混合物上，放入冰箱至混合物凝固，約 2 小時。

⓬ 在派頂部裝飾上巧克力卷，把派放在冰箱裏，食用時取出。

---

**烹飪提示**

巧克力卷的製作方法：把 225 公克的半甜巧克力放在熱水上溶化，攪拌入 1 湯匙的中性植物油，然後放在一個鋪有錫箔紙的麵包盤中，大巧克力卷的製作：把巧克力塊放在手中變軟，然後用蔬菜削皮器從寬邊刮出巧克力卷；小巧克力卷的製作：用盒式擦菜板從窄邊刮出巧克力卷。

# 涅氏蜜餞派 Nesselrode Pie

## 材料 (10人份)

派與塔

派

| | |
|---|---|
| 朗姆酒1湯匙 | |
| 蜜製水果¼ 杯，切碎 | |
| 牛奶2杯 | |
| 無味明膠4茶匙 | |
| 糖½ 杯 | |
| 鹽½ 茶匙 | |
| 蛋3個，蛋黃和蛋白分離 | |
| 液態鮮奶油250公克 | |
| 巧克力卷，裝飾用 | |

**製作派皮的配料：**

消化餅乾屑1¼ 杯

奶油75公克，溶化

糖1湯匙

**1** 派皮製作：把消化餅乾屑、奶油和糖放入碗裏混合，倒入一個9寸的派盤裏，在盤子底部和邊緣都均勻按壓上一層，放入冰箱直至堅硬。

**2** 把朗姆酒和蜜製的水果放入碗裏攪拌，備用。

**3** 把半杯的牛奶倒入小碗中，放入明膠，放置5分鐘軟化。

**4** 把剩餘的牛奶、鹽和¼ 杯的糖混合，放入雙層蒸鍋的上層，放在熱水中加熱，並不斷攪拌，直至明膠溶解。

**5** 攪拌蛋黃、加熱，攪拌至足夠濃稠能夠黏在湯匙上，注意不要煮沸，把蛋白糖霜倒入蜜製水果混合物中，然後把混合物放入冰水中冷卻。

**6** 稍微攪拌奶油，備用。

**7** 用電動攪拌器攪拌蛋白，直至形成濕性發泡，攪拌入剩餘的糖，攪拌至剛好調和，把一大部分蛋白倒入冷卻了的明膠混合物中，倒入剩餘的蛋白，仔細調和，然後再調入奶油。

**8** 把混合物倒入派皮中，放入冰箱直至凝固，在派頂部裝飾上巧克力卷。

# 巧克力戚風蛋糕派 Chocolate Chiffon Pie

## 材 料 (8人份)

半甜巧克力170公克

無糖巧克力30公克

牛奶1杯

無味明膠1湯匙

糖2/3杯

大尺寸的蛋2個，蛋黃和蛋白分離

香草精1茶匙

液態鮮奶油375公克

鹽1/8茶匙

打發鮮奶油和巧克力卷，裝飾用

**製作派皮的配料：**

消化餅乾屑1½杯

奶油90公克，溶化

① 在烤箱裏放一塊烤盤，預熱烤箱至180℃。

② **派皮製作**：把消化餅乾屑和奶油放入碗裏混合，倒入一個9寸的派盤裏，在盤子底部和邊緣都均勻按壓上一層，烘烤8分鐘，冷卻。

③ 切碎巧克力，放入食品加工機或攪拌器中碾磨，備用。

④ 把牛奶倒入雙層蒸鍋的上層，把明膠放入其中，放置5分鐘，使之軟化。

⑤ 把雙層蒸鍋的上層放置在熱水中，加入巧克力、蛋黃和1/3杯的糖，攪拌至溶解，再加入香草精。

⑥ 把雙層蒸鍋的上層放入一碗冰水中，攪拌至混合物溫度降低爲室溫，拿開冰水，放置一旁。

⑦ 稍微攪拌奶油，備用，用電動攪拌器攪拌蛋白和鹽直至形成濕性發泡，加入剩餘的糖，攪拌至剛好混合。

⑧ 倒入一部分蛋白到巧克力混合物裏，然後再倒回蛋白裏，調和。

⑨ 攪拌入發泡鮮奶油，然後把混合物倒入派皮裏，放入冰箱直至凝固，約5分鐘，如果中央凹陷下去的話，用剩餘的混合物填充之，放入冰箱3～4小時，裝飾上打發鮮奶油(玫瑰花飾)和巧克力卷，涼的時候食用。

派與塔

派

# 巧克力乳酪派 Chocolate Cheesecake Pie

**材料**
（8人份）

| | |
|---|---|
| 奶油乳酪340公克 | 巧克力卷，裝飾用 |
| 液態鮮奶油60公克 | **製作派皮的配料：** |
| 糖1杯 | 消化餅乾屑1杯 |
| 無糖可可粉 ½ 杯 | 碾碎的杏仁餅乾 ½ 杯(如果找 |
| 肉桂粉 ½ 茶匙 | 不到的話，那總共需要消化 |
| 蛋3個 | 餅乾屑 1½ 杯) |
| 打發鮮奶油，裝飾用 | 奶油90公克，溶化 |

① 在烤箱裏放一塊烤盤，預熱烤箱至180℃。

② **派皮製作：** 把餅乾屑和奶油放入碗裏混合。

③ 把混合物倒入一個9英寸的派盤裏，在盤子底部和邊緣都均勻按壓上一層，烘烤8分鐘，冷卻，烤箱不要關掉。

④ 用電動攪拌器混合攪拌奶油乳酪和奶油直至平滑，加入糖、可可粉和肉桂粉，攪拌均勻。

⑤ 加入蛋，1次一個，攪拌至剛好調和。

⑥ 把混合物倒入派皮中，放在烤熱的烤盤上烘烤25～30分鐘，冷卻時，派會凹陷下去，裝飾上打發鮮奶油和巧克力卷。

# 凍草莓派 Frozen Strawberry Pie

**材料**
（8人份）

| | |
|---|---|
| 奶油乳酪225公克 | **製作派皮的配料：** |
| 酸奶油250公克 | 消化餅乾屑 1¼ 杯 |
| 570公克袋裝冷凍草莓片，解凍 | 糖1湯匙 |
| | 奶油75公克，溶化 |

① **派皮製作：** 把餅乾屑、糖和奶油混合。

② 把混合物倒入一個9寸的派盤裏，在盤子底部和邊緣都均勻按壓上一層，放入冰箱直至堅硬。

③ 把奶油乳酪和酸奶油混合調勻，準備 ½ 杯的草莓和草莓汁，擱置一旁，把剩餘的草莓倒入奶油乳酪混合物中。

④ 把派倒入派皮中，放入冰箱6～8小時直至凝固，食用時，把一部分預留的草莓和草莓汁澆在派上。

**參考做法**
若要製成凍覆盆子派，則以覆盆子取代草莓，並以相同方式處理或試著使用其他冷凍水果。

# 蘋果酥皮派 Apple Strudel

## 材料（10～12人份）

葡萄乾 ½ 杯
白蘭地 2 湯匙
蘋果 5 個，如史密斯蘋果或喬納森
蘋果
派用蘋果 3 個，大的
黑糖 ½ 杯
肉桂粉 1 茶匙
檸檬的碎皮和果汁 1 個
乾的麵包屑 ⅓ 杯
山核桃仁 ½ 杯，切碎
薄片酥皮 12 片
奶油 190 公克，溶化
糖粉，裝飾用
打發鮮奶油，配料用

① 把葡萄乾倒入白蘭地裏浸泡
15 分鐘。

② 把蘋果削皮、去核、並切成薄
片，把糖、肉桂粉和檸檬皮放入
碗裏混合，攪拌入蘋果和一半的
麵包屑。

③ 加入葡萄乾、堅果和檸檬汁，攪
拌至均勻混合。

④ 預熱烤箱至 190℃，將兩個烤盤
刷上油。

⑤ 小心打開酥皮，沒用到的酥皮仍
然包在蠟紙裏，取出一片，放在
一個乾淨的平面上，然後刷上溶
化的奶油，然後取出第二片，疊
放在第一層上，同樣刷上奶油，
就這樣，直至疊上 6 層的酥皮。

⑥ 在最後的一層酥皮上撒上幾勺的
麵包屑，然後舀出一半的蘋果混
合物，放在酥皮的一邊上。

⑦ 從放有蘋果餡料的那端開始，把
酥皮卷起來，就像製作捲筒蛋糕
一樣，放在一個烤盤上，有縫隙
的那面朝下，重複剛才的步驟，
做出第二個蘋果卷，兩個蘋果卷
都刷上奶油。

⑧ 把蘋果卷烘烤 45 分鐘，稍微冷
卻，用一個小的濾網，將蘋果卷
撒上一層糖粉，配上打發鮮奶油
食用。

派與塔

派

# 櫻桃酥皮派 Cherry Strudel

## 材料（8人份）

| |
|---|
| 新鮮麵包屑2杯 |
| 奶油190公克，溶化 |
| 糖1杯 |
| 肉桂粉1湯匙 |
| 檸檬碎皮1茶匙 |
| 歐洲酸櫻桃4杯，去核 |
| 薄片酥皮8片 |
| 糖粉，裝飾用 |

❶ 稍微把麵包屑用5湯匙的奶油炒一下，直至麵包屑變成金黃色。放置一旁冷卻。

❷ 把糖、肉桂粉和檸檬皮放入一個大的混合碗中攪拌。

❸ 攪拌入櫻桃。

❹ 預熱烤箱至190℃。將一塊烤盤上油。

❺ 小心打開酥皮，沒用到的酥皮仍然包在蠟紙裏，取出一片，放在鋪有蠟紙的平面上，然後刷上溶化的奶油，然後在上面撒上一層均勻的麵包屑，大約使用¼杯的麵包屑。

❻ 然後取出第二片，疊放在第一層上，同樣刷上奶油，撒上麵包屑。直至疊成一個8層的酥皮。

❼ 把櫻桃混合物舀在酥皮的一邊，從放有餡料的那端開始，把派皮疊成的櫻桃捲起來，就像製作捲筒蛋糕一樣，用蠟紙托著，移到烤盤上，有縫隙的那面朝下。

❽ 把邊緣折好，以免果餡外露，在頂部刷上所有剩餘的奶油。

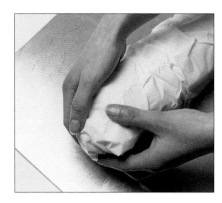

❾ 把櫻桃捲烘烤45分鐘，稍微冷卻，用一個小的濾網，在櫻桃捲上撒一層糖粉，溫熱時食用。

# 青檸派 Key Lime Pie

## 材 料（8人份）

大蛋黃3個

400公克的罐裝甜奶粉

青檸碎皮1湯匙

新鮮青檸汁 ½ 杯

綠色食用色素(可選)

液態鮮奶油125公克

**製作派皮的配料：**

全麥餅乾屑 1¼ 杯

奶油或乳瑪琳75公克，溶化

**1** 預熱烤箱至180℃。

> **參考做法**
> 如果無法購得青檸（key lime），則可以一般檸檬代替。

**2** 派皮製作：把全麥餅乾屑放入碗裏，加入奶油或乳瑪琳，混合攪拌。

**3** 在一個9英寸的烤盤的底部和邊上平鋪一層餅乾屑，烘烤8分鐘，冷卻。

**4** 把蛋黃攪拌至黏稠，加入牛奶、青檸碎皮、青檸汁和食用色素(可不用)，然後倒入已經烤好的派皮裏，放入冰箱直至凝固，約4小時，食用時，把奶油攪拌成糊狀，用蛋糕擠花袋在派上擠出格子狀，或者用湯匙沿著邊緣塗抹一圈。

# 賓州德式火腿蘋果派 Pennysylvania Dutch Ham and Apple Pie

## 材料（6～8人份）

派用蘋果 5 個
紅糖 4 湯匙
麵粉 1 湯匙
丁香粉 ⅛ 茶匙
黑胡椒粉 ⅛ 茶匙
烤火腿片 175 公克
奶油或乳瑪琳 30 公克
液態鮮奶油 60 公克
蛋黃 1 個

**製作派皮的配料：**
麵粉 2 杯
鹽 ½ 茶匙
冷凍奶油 90 公克，切塊
冷凍乳瑪琳 60 公克，切塊
冰水 ¼ ～ ½ 杯

❶ **派皮製作**：把麵粉和鹽篩到碗裏，加入奶油和乳瑪琳，使用攪拌器攪拌至像糕餅屑，加入足夠的水，調和成麵糰，把麵糰捲成 2 個麵球，裹上蠟紙，放入冰箱 20 分鐘，預熱烤箱至 220℃。

❷ 把蘋果切成 4 半，去核，削皮，再切成薄片，放到碗裏，攪拌入糖、麵粉、丁香粉和胡椒，均勻裹在蘋果上，備用。

❸ 把其中一個麵球桿成約 0.3 cm 厚的麵餅，然後放到 10 寸的派盤裏，留出邊緣垂懸部分。

❹ 把一半的火腿放在底部，再放上一圈的蘋果片，點綴上一半的奶油或乳瑪琳。

❺ 再按剛才的順序擺上第二層，同樣點綴上奶油或乳瑪琳，倒入 3 湯匙的奶油。

❻ 把另一個麵糰桿開，放在派上方，把頂部麵糰的邊緣疊在下層的派皮，壓按封合。

❼ 把麵糰的剩餘的部分重新揉好，切除裝飾所需的形狀，擺放在派頂部，用手指弄皺邊緣，用叉子壓出花紋，均勻切出蒸氣出口，混合蛋黃和剩餘的奶油，在頂部刷上糖霜。

❽ 烘烤 10 分鐘，降低烤箱溫度至 180℃，烘烤 30 ～ 35 分鐘，至派呈金黃色，趁熱食用。

181

# 巧克力檸檬塔 Chocolate Lemon Tart

派與塔

塔

## 材料（8～10人份）

| | |
|---|---|
| 砂糖 1¼ 杯 | |
| 蛋 6 個 | |
| 檸檬的碎皮 2 個 | |
| 新鮮檸檬汁 ⅔ 杯 | |
| 液態鮮奶油 170 公克 | |
| 巧克力卷，裝飾用 | |

**塔皮製作：**

| | |
|---|---|
| 麵粉 1¼ 杯 | |
| 無糖可可粉 2 湯匙 | |
| 糖粉 4 湯匙 | |
| 鹽 ½ 茶匙 | |
| 奶油或乳瑪琳 125 公克 | |
| 水 1 湯匙 | |

① 在一個 10 寸的塔盤刷上油。

② **塔皮製作**：把麵粉、可可粉、糖粉和鹽篩入碗裏，放置一旁。

③ 把奶油和水混合，低溫溶化，把麵粉混合物倒入其中，用木勺攪拌，直至麵糰變得光滑，麵粉將所有液體完全吸收。

④ 把麵糰均勻地壓在塔盤底部和邊上。在準備塔餡的同時，把塔皮放入冰箱。

⑤ 把一塊烤盤放入烤箱中央，烤箱預熱至 190℃。

⑥ 攪拌糖和蛋，直至糖完全溶解。加入檸檬皮和檸檬汁，均勻調和，加入奶油，品嚐一下味道，如果需要的話，可以再加入一些檸檬汁或糖，味道應該是又酸又甜的。

⑦ 把塔餡倒入塔皮中，在熱烤盤上烘烤 20～25 分鐘至塔餡凝固，放在架上冷卻，冷卻後，鋪上一層巧克力卷。

# 檸檬杏仁塔 Lemon Almond Tart

## 材料 (8人份)

用沸水去皮的杏仁 ¾ 杯

糖 ½ 杯

蛋 2 個

檸檬的碎皮和果汁 1½ 個

奶油 125 公克，溶化

檸檬皮切絲，裝飾用

**塔皮配料：**

麵粉 1¼ 杯

糖 1 湯匙

鹽 ½ 茶匙

泡打粉 ½ 茶匙

冷凍無鹽奶油 90 公克，切片

液態鮮奶油 45～60 公克

① **塔皮製作**：麵粉、糖、鹽和泡打粉篩到碗中，加入奶油，使用攪拌器，攪拌至像糕餅屑。

② 用叉子攪拌入足夠的奶油，形成麵糰。

③ 把麵糰捲成一個麵球，放在撒有一薄層麵粉的平臺上桿開，約 0.3 ㎝厚，然後放到 9 寸的塔盤裏，修整邊緣，用叉子在底部刺出小孔，放入冰箱至少 20 分鐘。

④ 把一塊烤盤放入烤箱中央，烤箱預熱至 200 ℃。

⑤ 在塔皮上鋪一層弄皺的蠟紙，裏面放上做塔用的砝碼，烘烤 12 分鐘，取下蠟紙和砝碼，繼續烘烤 6～8 分鐘至金黃色，降低烤箱溫度至 180 ℃。

⑥ 用食品加工機、攪拌機或研磨機把杏仁和 1 湯匙的糖碾碎。

⑦ 把一個混合用的碗放在熱水鍋裏，放入蛋和剩餘的糖，攪拌至混合的黏稠度達到取出攪拌器時能夠形成一條帶狀物。

⑧ 加入檸檬碎皮、檸檬汁、奶油和杏仁末。

⑨ 倒入塔皮裏，烘烤至塔餡凝固，呈金黃色，約 35 分鐘，裝飾上檸檬絲。

# 橙塔 Orange Tart

派與塔

塔

## 材 料 （8人份）

糖 1 杯

新鮮橘子汁 1 杯，過濾

臍橙 2 個

用沸水去皮的杏仁 ¾ 杯

奶油 60 公克

蛋 1 個

麵粉 1 湯匙

杏子果醬 3 湯匙

**製作派皮的配料：**

麵粉 1½ 杯

鹽 ½ 茶匙

冷凍奶油 60 公克，切塊

冷凍乳瑪琳 45 公克，切塊

冰水 3～4 湯匙

❶ **塔皮製作：**把麵粉和鹽篩到碗裏，加入奶油和乳瑪琳，使用攪拌器，攪拌至像糕餅屑，加入足夠的水調和麵糰，把麵糰捲成一個麵球，裹上蠟紙，放入冰箱至少 20 分鐘。

❷ 把麵球放在撒有一薄層麵粉的平臺上桿開，約 0.5 cm 厚，然後放到 8 寸的塔盤裏，修整邊緣，然後把塔皮放入冰箱，備用。

❸ 在一個深平底鍋中，混合加熱橘子汁和 3/4 杯的糖直至濃稠，形成糖漿，約 10 分鐘。

❹ 把橙切成 0.5 cm 厚的薄片，不要削皮，加入糖漿，稍微燉 10 分鐘，或直到橙面上有一層糖漿，移到架子上瀝乾，冷卻的時候，對半切，烤箱裏放一塊烤盤，加熱至 200 ℃。

❺ 用食品加工機、攪拌機或研磨機把杏仁碾碎，用電動攪拌器把奶油和剩餘的糖攪拌至光亮、鬆軟，再打入蛋和 2 湯匙的橘子汁糖漿，最後攪拌入杏仁末和麵粉。

❻ 低溫溶化杏仁醬，然後刷在塔皮裏，倒入步驟 5，烘烤至凝固，約 20 分鐘，冷卻。

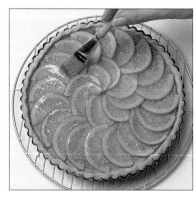

❼ 在塔上疊放橙薄片，把剩餘的糖漿加熱至濃稠，刷在塔面上。

# 山核桃塔 Pecan Tart

## 材料（8人份）

蛋3個
鹽⅛茶匙
黑糖1杯
深色玉米糖漿½杯
新鮮檸檬汁2湯匙
奶油90公克，溶化
山核桃仁1½杯，切碎
山核桃仁½杯，切半

塔皮配料：

麵粉1¼杯
砂糖1湯匙
泡打粉1茶匙
鹽½茶匙
冷凍無鹽奶油90公克，切片
蛋黃1個
液態鮮奶油45～60公克

❶ **塔皮製作**：把麵粉、糖、泡打粉和鹽篩到碗裏，加入奶油，放入攪拌器，攪拌至像糕餅屑。

❷ 把蛋黃和奶油一起放入碗裏，攪拌均勻。

❸ 把奶油混合物倒入麵粉混合物中，用叉子攪拌。

❹ 麵糰捲成一個麵球，放在撒有一薄層麵粉的平臺上桿開，約0.3cm厚，放到9寸的塔盤裏，切去垂懸部分，捏出邊緣花飾，把塔皮放入冰箱至少20分鐘。

❺ 在烤箱中央放一塊烤盤，預熱至200℃。

❻ 把蛋和鹽放入碗裏，稍微攪拌，加入糖、玉米糖漿、檸檬汁和奶油，充分調勻後，攪拌入切碎的核桃仁。

### 烹飪提示
要趁著塔還熱時端上桌，亦可依個人喜好佐以冰淇淋或打發鮮奶油。

❼ 倒入塔皮中，並把半片的核桃仁沿同心圓的形狀在塔面上擺開。

❽ 烘烤10分鐘，降低溫度至160℃，繼續烘烤25分鐘。

# 糖漿塔 Treacle Tart

派與塔

塔

## 材料（4～6人份）

| | |
|---|---|
| 深色玉米糖漿 ¾ 杯 | |
| 新鮮白麵包屑 1½ 杯 | |
| 檸檬的碎皮一個 | |
| 新鮮檸檬汁 2 湯匙 | |

塔皮配料：

| | |
|---|---|
| 麵粉 1¼ 杯 | |
| 鹽 ½ 茶匙 | |
| 冷凍奶油 90 公克，切塊 | |
| 冷凍乳瑪琳 45 公克，切塊 | |
| 冰水 3～4 湯匙 | |

① **塔皮製作**：把麵粉和鹽篩到碗裏。加入奶油和乳瑪琳，使用攪拌器，攪拌至像糕餅屑。

② 加入足夠的水，用叉子調和麵糰，把麵糰捲成一個麵球，裹上蠟紙，放入冰箱至少 20 分鐘。

③ 把麵糰放在撒有一薄層麵粉的平臺上桿開，約 0.3 cm 厚，然後放到 8 寸的塔盤裏，切除垂懸部分，然後把塔皮放入冰箱至少 20 分鐘，保留切除的部分，做頂部的格子裝飾用。

④ 在烤箱中央放入一塊烤盤，預熱至 200℃。

⑤ 把玉米糖漿放入深平底鍋中加熱至稀薄。

⑥ 端離熱源，攪拌入麵包屑和檸檬皮，放置 10 分鐘，這樣麵包屑能夠把糖漿充分吸收，如果混合物太稀的話，可以再加些麵包屑，攪拌入檸檬汁，攪拌後平鋪在塔皮上。

⑦ 把切除的部分揉成麵糰，再桿開，切成 10～12 條的薄麵條。

⑧ 把一半的薄麵條放在內餡上，然後把剩餘的麵條交叉放上，形成格子狀。

⑨ 放在烤熱的烤盤上，烘烤 10 分鐘，然後降低溫度至 190℃，烘烤約 15 分鐘至金黃色，溫熱時或冷卻後食用。

# 白蘭地亞歷山大塔 Brandy Alexander Tart

## 材料（8人份）

冷水 ½ 杯
無味明膠 1 湯匙
白糖 ½ 杯
蛋 3 個，蛋黃和蛋白分離
白蘭地或法國科涅克白蘭地 4 湯匙
可可香草甜酒 4 湯匙
鹽 ⅛ 茶匙
液態鮮奶油 310 公克
巧克力卷，裝飾用

**塔皮配料：**

消化餅乾屑 1¼ 杯
奶油 75 公克，溶化
糖 1 湯匙

**①** 預熱烤箱至 190℃。

**②** **塔皮製作：**把消化餅乾屑、奶油和糖放入碗裏混合。

**③** 倒入一個 9 寸的塔盤裏，在盤子底部和邊緣都均勻按壓上一層，烘烤約 10 分鐘至金黃色，放在架上冷卻。

**④** 把水倒入雙層蒸鍋的上層，置於熱水中，把明膠放入水中，放置 5 分鐘，軟化，加入一半的糖和蛋黃，在非常低的溫度下加熱，不時加以攪拌，直至明膠溶解而變得略微濃稠，注意不要讓混合物沸騰。

**⑤** 端離熱源，攪拌入白蘭地和可可香草甜酒。

**⑥** 把鍋放在冰水上，偶爾攪拌，直至冷卻、濃稠，不能讓它凝固。

**⑦** 用電動攪拌器攪拌蛋白和鹽，直至形成濕性發泡，攪拌入剩餘的糖，用湯匙舀一大部分的蛋白到蛋黃混合物中，調和，使之變得光亮。

**⑧** 把蛋黃混合物倒入剩餘的蛋白中，仔細調和。

**⑨** 攪拌奶油直至形成濕性發泡，然後倒入塔皮中，把混合物用湯匙舀入烘烤過的塔皮中，冷凍至凝固，約 3～4 小時。在食用前，裝飾上巧克力卷。

# 蘑菇奶油蛋塔 <sub>Mushroom Quiche</sub>

派與塔

塔

## 材料（8人份）

| |
|---|
| 新鮮蘑菇 450 公克 |
| 橄欖油 2 湯匙 |
| 奶油 15 公克 |
| 大蒜 1 瓣，切碎 |
| 新鮮檸檬汁 1 湯匙 |
| 鹽和胡椒 |
| 巴西利 2 湯匙，切勻 |
| 蛋 3 個 |
| 液態鮮奶油 375 公克 |
| 巴馬乾酪 125 公克，切碎 |
| 餅皮配料： |
| 麵粉 1¼ 杯 |
| 鹽 ½ 茶匙 |
| 冷凍奶油 90 公克，切塊 |
| 冷凍乳瑪琳 45 公克，切塊 |
| 冰水 3～4 湯匙 |

❶ **餅皮製作**：把麵粉和鹽篩到碗裏，加入奶油和乳瑪琳，放入攪拌器，攪拌至像糕餅屑，加入足夠的水，調和成麵糰。

❷ 把麵糰捲成一個麵球。裹上蠟紙，放入冰箱 20 分鐘。

❸ 在烤箱中央放一塊烤盤，預熱烤箱至 190℃。

❹ 把麵糰桿開，約 0.3 cm 厚，然後放到 9 寸的派盤裏，修整邊緣，用叉子在底部刺出小孔，然後鋪上一層弄皺的蠟紙，再放上做派用的砝碼，烘烤 12 分鐘，然後取出砝碼和蠟紙，繼續烘烤約 5 分鐘至金褐色。

❺ 用濕紙巾擦去蘑菇上的髒東西，切去蘑菇柄，然後放在切板上，切成薄片。

❻ 在炒鍋裏放入橄欖油和奶油，然後放入蘑菇、大蒜和檸檬汁，加入鹽和胡椒調味，快炒至蘑菇溢出水汁，加大火力，炒乾爲止。

❼ 放入巴西利，如果必要的話，可以再放入一些鹽和胡椒粉。

❽ 把蛋和鮮奶油一起攪拌後，倒入蘑菇裏，把乳酪灑在烘烤過的餅皮裏，再倒入蘑菇餡。

❾ 烘烤至餅呈褐色膨脹起來，約 30 分鐘，溫熱時食用。

# 培根起司奶油蛋塔 <sub>Bacon and Cheese Quiche</sub>

## 材料（8人份）

| |
|---|
| 中等厚度的培根片 115 公克 |
| 蛋 3 個 |
| 液態鮮奶油 375 公克 |
| 瑞士乳酪 250 公克，磨碎 |
| 肉豆蔻粉 ⅛ 茶匙 |
| 鹽和胡椒 |
| 餅皮配料： |
| 麵粉 1¼ 杯 |
| 鹽 ½ 茶匙 |
| 冷凍奶油 90 公克，切塊 |
| 冷凍乳瑪琳 45 公克，切塊 |
| 冰水 3～4 湯匙 |

❶ 如上述 1～4 步驟製作餅皮，把烤箱溫度保持在 190℃。

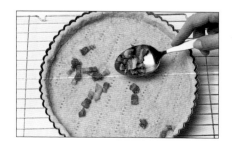

❷ 把培根炒脆，把油瀝掉後，弄成小碎塊，撒在餅皮上。

❸ 把蛋、鮮奶油、奶酪、肉豆蔻粉、鹽和胡椒攪拌在一塊，倒在培根上，然後烘烤至餅呈褐色，且膨脹起來，約 30 分鐘，溫熱時食用。

# 乳酪蕃茄奶油蛋塔 Cheesy Tomato Quiche

**材料**（6～8人份）

中等大小的蕃茄10個

60公克罐裝鯷魚1罐，瀝乾，切勻

液態鮮奶油125公克

蒙特裏傑克乳酪500公克，磨碎

消化麵包屑 ¾ 杯

百里香乾料 ½ 茶匙

鹽和胡椒

**餅皮配料：**

麵粉 1½ 杯

冷凍奶油125公克，切塊

蛋黃1個

冰水2～3湯匙

**①** **派皮製作：**把麵粉篩到碗裏，加入奶油，以攪拌器攪拌至像糕餅屑。

**②** 加入蛋黃和足夠的水，用叉子調和成麵糰。

**③** 把麵糰桿成厚度約0.3㎝的麵餅，然後放到9寸的派盤裏，放入冰箱冰藏，需要時取出，預熱烤箱至200℃。

**④** 在蕃茄的底部劃痕，放入沸水中1分鐘，取出，用刀子剝去皮，切成4半，用湯匙挖去裏面的籽。

**⑤** 把鯷魚和奶油混合放入碗裏，再加入乳酪。

**⑥** 把麵包屑撒在派上，把蕃茄擺在頂上，加入百里香、鹽和胡椒粉調味。

**⑦** 把乳酪混合物舀在番茄上，烘烤至派呈金黃色，25～30分鐘，溫熱時食用。

194

# 洋蔥鯷塔 Onion and Anchovy Tart

## 材料 (8人份)

橄欖油 4 湯匙

洋蔥 900 公克，切片

百里香乾料 1 茶匙

鹽和胡椒

番茄 2～3 個，切片

小的黑橄欖 24 個，去核

60 公克罐裝鯷魚 1 罐，瀝乾、切絲

曬乾的番茄 6 個，切成長薄片

**製作派皮的配料：**

麵粉 1¼ 杯

鹽 ½ 茶匙

冷凍奶油 125 公克，切塊

蛋黃 1 個

冰水 2～3 湯匙

❸ 在炒鍋裏熱油，加入洋蔥、百里香和調味料，熱火加熱，蓋上蓋子，25 分鐘，打開鍋蓋，繼續加熱至變軟，冷卻，預熱烤箱至 200℃。

❹ 把洋蔥混合物舀入餅皮中，頂部放上番茄片，把橄欖按行排列好，用鯷魚絲和曬乾的蕃茄長薄片交替擺出方格，烘烤 20～25 分鐘至金黃色。

❶ **派皮製作：**把麵粉和鹽篩到碗裏，加入奶油，使用攪拌器，攪拌至像糕餅屑，加入蛋黃和足夠的水，調和成麵糰。

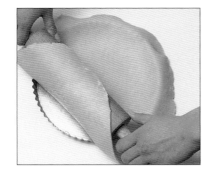

❷ 把麵糰桿成厚度約 0.3 ㎝的麵餅，然後用桿麵杖壓在派盤上，修整邊緣，放入冰箱冷藏，需要時取出。

# 鄉村乳酪羅勒塔 Ricotta and Basil Tart

派與塔

塔

## 材料（8～10人份）

羅勒葉片2杯，密封包裝
扁平葉巴西利1杯
特級橄欖油½杯
鹽和胡椒
蛋2個
蛋黃1個
鄉村乳酪565公克
黑橄欖½杯，去核
巴馬乾酪125公克，現磨

### 塔皮配料：

麵粉1¼杯
鹽½茶匙
冷凍奶油90公克，切塊
冷凍乳瑪琳45公克，切塊
冰水3～4湯匙

① **派皮製作**：把麵粉和鹽篩到碗裏，加入奶油和乳瑪琳。

② 使用攪拌器，攪拌至像糕餅屑，加入足夠的水，用叉子調和成麵糰，把麵糰捲成一個麵球，裹上蠟紙，放入冰箱至少20分鐘。

③ 在烤箱中央放一塊烤盤，預熱烤箱至190℃。

④ 把麵糰桿成約0.3 cm厚的麵餅，放到10寸的派盤裏，用叉子在底部刺上小孔，鋪上一層弄皺的蠟紙，再放上派用的砝碼，烘烤12分鐘，然後取出砝碼和蠟紙，繼續烘烤3～5分鐘至褐色，降低溫度至180℃。

⑤ 用食品加工機，混合羅勒、巴西利和橄欖油，加入鹽和胡椒粉調味，切碎攪拌至均勻。

⑥ 把蛋和蛋黃放入碗裏攪拌，仔細調入鄉村乳酪。

⑦ 把羅勒混合物和橄欖攪拌均勻，再拌入巴馬乾酪，放好調味料。

⑧ 把混合物倒入烘烤好的餅皮裏，烘烤至堅硬，30～35分鐘。

# 水果塔 Fruit Tartlets

## 材料（8份）

紅葡萄乾或葡萄果凍 ¾ 杯

新鮮檸檬汁 1 湯匙

液態鮮奶油 190 公克

新鮮水果：草莓、覆盆子、奇異果、桃子、葡萄或藍莓共 680 公克，削皮、切片

**塔皮配料：**

冷凍奶油 170 公克，切塊

黑糖 ⅓ 杯

無糖可可粉 3 湯匙

麵粉 1½ 杯

蛋白 1 個

**①** **派皮製作**：把奶油、黑糖和可可粉混合後低溫加熱，奶油溶化後，端離熱源，並篩入麵粉，攪拌後，加入足夠的蛋白，調和混合物，揉成一個球，裹上蠟紙，放入冰箱至少 30 分鐘。

**②** 將 8 個 3 寸的塔模上油，把麵糰放在兩層蠟紙之間桿開，用模型在麵糰上壓出 8 個 4 寸的小圓餅。

**③** 把小圓餅放入 8 個塔模中，在底部刺上小孔，放入冰箱 15 分鐘，預熱烤箱至 180℃。

**④** 烘烤至塔皮比較凝固，20～25 分鐘，冷卻後，從模子中取出。

**⑤** 把果凍和檸檬汁溶化，在塔皮的底部刷上一薄層，打發奶油，然後再舀入塔皮中，把水果擺放在奶油上面，刷上糖霜後食用。

派與塔

塔

197

# 蛋糕

　　它們的美味可口，就如同外表一樣精緻。無論是樸素的家庭風格，還是複雜精良的製作--這些蛋糕都能讓人留下難忘的時光，此章精美蛋糕的製作將為您揭開蛋糕裝飾的神秘面紗。

# 蔓越莓翻轉蛋糕 Cranberry Upside-Down Cake

## 材 料 （8人份）

| | |
|---|---|
| 新鮮蔓越莓 340～400公克 | |
| 奶油 60公克 | |
| 糖 2/3杯 | |

**製作麵糊的配料：**

| | |
|---|---|
| 泡打粉 1茶匙 | |
| 蛋 3個 | |
| 糖 1/2杯 | |
| 橘子的碎皮 1個 | |
| 奶油 45公克，溶化 | |
| 麵粉 2/3杯 | |

① 預熱烤箱至180℃，在烤箱中央放一個烤盤。

② 將蔓越莓洗乾淨，瀝乾，在一個 23×5cm的圓烤盤底部和邊緣抹上一層厚厚的奶油，再加入糖，旋動烤盤，使之均勻分佈。

③ 在烤盤底部均勻鋪上一層蔓越莓。

④ **麵糊製作**：把麵粉和泡打粉篩兩次，備用。

⑤ 把蛋、糖和橘子皮混合，放入置於熱水但不是沸水上的抗熱碗中，用電動攪拌器攪拌至取出攪拌器時能帶出絲狀物。

⑥ 分3次加入步驟5，每次加入後都攪拌均勻，慢慢調入溶化的奶油，然後倒入蔓越莓。

⑦ 烘烤40分鐘，冷卻5分鐘後，用小刀沿蛋糕邊緣劃一圈，以便蛋糕脫落。

⑧ **取下模具**：當蛋糕還溫熱的時候，在蛋糕上倒扣一個平板，然後用防燙布墊或手套墊住，迅速把盤子翻轉過來，小心取出烤盤。

# 鳳梨翻轉蛋糕 Pineapple Upside-Down Cake

## 材料（8人份）

| | |
|---|---|
| 奶油125公克 | |
| 黑糖1杯 | |
| 450公克罐裝鳳梨片，瀝乾 | |
| 蛋4個，蛋黃、蛋白分離 | |
| 檸檬的碎皮1個 | |
| 鹽 1/8 茶匙 | |
| 砂糖 1/2 杯 | |
| 麵粉 3/4 杯 | |
| 泡打粉1茶匙 | |

❶ 烤箱預熱至180℃。

❷ 把奶油放在耐熱的鑄鐵煮鍋中溶化，溶化後，留一匙備用。

❸ 鍋中加黑糖，並均勻攪拌，把瀝乾的鳳梨片鋪一層在上面，放置一旁備用。

### 參考做法

如果想製作杏桃翻轉蛋糕，可以把鳳梨片換成 1 1/2 杯的乾杏桃。如果需要泡軟的話，可以把杏放入半杯的橘子汁中浸泡，直至杏桃變飽滿、光滑。瀝乾杏桃，去除任何可能殘留的汁。

❹ 把蛋黃、保留的一匙奶油和檸檬皮放在碗中，充分攪拌，備用。

❺ 用電動攪拌器把蛋白和鹽攪拌至黏稠，再加入砂糖，1次2湯匙，然後拌入步驟4。

❻ 把麵粉和泡打粉一起篩，分成3次，仔細地調入步驟5中。

❼ 把麵糰倒在鍋中的鳳梨片上，然後鋪平。

❽ 烘烤蛋糕至插入蛋糕測試棒取出後無黏狀物，約30分鐘。

❾ 趁熱，在鍋上倒扣一個淺盤，然後用防燙布墊或手套墊住，抓牢鍋和盤子，迅速把盤子翻轉過來，食用時，冷熱都可。

# 檸檬椰絲夾心蛋糕 Lemon Coconut Layer Cake

## 材料（8～10人份）

麵粉 1 杯

鹽 1/8 茶匙

蛋 8 個

砂糖 1¾ 杯

橘子碎皮 1 湯匙

檸檬的碎皮 2 個

一個檸檬的果汁

椰絲 ½ 杯

玉米粉 2 湯匙

1 杯水

奶油 90 公克

**製作糖霜的配料：**

無鹽奶油 125 公克

糖粉 1 杯

檸檬的碎皮 1 個

新鮮檸檬汁 6～8 湯匙

115 公克罐裝椰絲

❶ 預熱烤箱至 180℃，取出 3 個 8 寸的烤盤，鋪上蠟紙並刷上油，把麵粉和鹽一起篩到碗裏，放在一旁備用。

❷ 6 個蛋打在置於熱水中的耐熱碗中，用電動攪拌器攪拌至起泡，慢慢打入 3/4 杯的砂糖，直至體積為原來的兩倍，且濃度為取出攪拌器時能夠帶出絲狀物，約 10 分鐘。

❸ 把碗端離熱水，調入橘子皮、一半的檸檬碎皮和 1 匙的檸檬汁，攪拌至均勻混合，再放入椰絲。

❹ 把麵粉混合物篩成 3 份，依次充分調勻。

❺ 把麵糊分別放入 3 個準備好的烤盤中。

❻ 烘烤至蛋糕能脫離烤盤邊緣，25～30 分鐘，放置 3～5 分鐘，然後取下模具，放到架上冷卻。

❼ 把玉米粉放到碗中，加入少許冷水溶解，將剩餘的蛋打入攪拌，混勻，擱置一旁，備用。

❽ 把剩餘的檸檬皮、檸檬汁、水、剩餘的糖和奶油放入深平底鍋中混合。

❾ 用中火加熱，直至達到沸點，打入蛋和玉米粉，再重新加熱，並不時攪拌至變濃稠，約 5 分鐘，端離熱源，鋪上一層蠟紙以防生成一層皮，擱置一旁。

❿ **糖霜製作：** 攪拌奶油和糖粉至光滑，再加入檸檬皮和足夠多的檸檬汁，以形成濃稠可塗抹的糖霜。

⓫ 把 3 塊蛋糕疊放，在疊層之間抹上糖霜，並在蛋糕面上和邊緣也抹上糖霜，再鋪灑上椰絲，輕輕按壓。

# 檸檬優格咖啡蛋糕 Lemon Yogurt Coffee Cake

蛋糕

水果風味

## 材料（12人份）

奶油 250 公克

砂糖 1½ 杯

蛋 4 個，置於室溫下，蛋黃、蛋白分離

檸檬碎皮 2 茶匙

新鮮檸檬汁 ⅓ 杯

原味優格 1 杯

麵粉 2 杯

泡打粉 2 茶匙

小蘇打 1 茶匙

鹽 ½ 茶匙

**製作糖漿的配料：**

糖粉 1 杯

新鮮檸檬汁 2 湯匙

原味優格 3～4 湯匙

① 預熱烤箱至 180℃，將一個容量 12 杯的戚風蛋糕模上油，並灑上麵粉。

② 把奶油和砂糖用電動攪拌器攪拌至光亮而鬆軟，加入蛋黃，1 次一個，每次加入後都攪拌均勻。

③ 加入檸檬碎皮、檸檬汁和優格，均勻混合。

④ 用篩子篩麵粉、泡打粉和小蘇打，放置一旁，把蛋白和鹽打在另一個碗中，攪拌至形成濕性發泡。

⑤ 把乾配料和奶油混合物調和，然後再調入一小部分蛋白，然後再把剩餘的蛋白放入，攪拌均勻。

⑥ 把上述混合物倒入蛋糕模中，烘烤至插入蛋糕測試棒取出後無黏狀物，約 50 分鐘，放置 15 分鐘，然後取下模具，放到架上冷卻。

⑦ **糖漿製作：**把糖粉篩到碗中，倒入檸檬汁和足夠的優格，調和成均勻的糖漿。

⑧ 把冷卻的蛋糕放在鋪上蠟紙或烤盤的架子上，將蛋糕淋上糖漿，讓糖漿沿邊緣滑落，糖漿可在食用前淋。

# 橘子胡桃蛋糕卷 Orange Walnut Roll

## 材 料 (8人份)

蛋 4 個，蛋黃、蛋白分離

糖 ½ 杯

胡桃 1 杯，切勻

塔塔粉 ⅛ 茶匙

鹽 ⅛ 茶匙

糖粉，裝飾用

**製作蛋糕餡的配料：**

鮮奶油 310 公克

砂糖 1 湯匙

橘子的碎皮 1 個

橙甜露酒(如白蘭地橙酒) 1 湯匙

❶ 把烤箱預熱至 180℃，取出一個 30 × 24 cm 的捲筒烤盤，鋪上蠟紙並上油。

❷ 用電動攪拌器把蛋黃和糖攪拌至濃稠。

❸ 放入胡桃碎片。

❹ 在另一個碗中，攪拌蛋白、塔塔粉和鹽，直至形成濕性發泡，緩緩地將胡桃混合物攪拌入蛋白混合物中。

❺ 把麵糊倒入準備好的烤盤中，用抹刀鋪平，烘烤15分鐘。

❻ 用小刀在蛋糕邊緣劃一圈，再把蛋糕倒扣在灑著一層糖粉的蠟紙上。

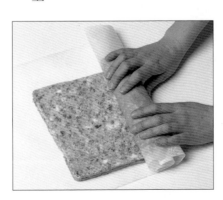

❼ 剝除烘烤紙，趁蛋糕還溫熱時，用有糖粉的紙把蛋糕捲起，放置一旁冷卻。

❽ **蛋糕內餡製作：**把奶油攪拌成糊狀至形成濕性發泡，混合砂糖和橘子皮，然後加入打發鮮奶油中，再倒入橙甜露酒。

❾ 緩緩展開蛋糕卷，在內側抹上一層橙汁鮮奶油，然後重新捲起來，放到冰箱，在食用前，拿出並灑上一層糖粉。

# 李子碎粒蛋糕 Plum Crumbcake

蛋糕

水果風味

## 材料（8～10人份）

奶油或乳瑪琳 170 公克

砂糖 ⅔ 杯

蛋 4 個，置於室溫下

香草精 1½ 茶匙

麵粉 1¼ 杯

泡打粉 1 茶匙

李子 680 公克，切半，去核

**製作上層麵糊的配料：**

麵粉 1 杯

紅糖 ⅔ 杯

肉桂粉 1½ 茶匙

奶油 90 公克，切塊

① 預熱烤箱至 180℃。

② **上層麵糊製作**：把麵粉、紅糖和肉桂放到碗中混合，加入奶油，用指尖輕輕揉捏至像麵包屑狀，備用。

③ 取出一個 25 × 5 cm 的圓烤盤，鋪上蠟紙並上油。

④ 攪拌奶油或乳瑪琳和糖粉至光滑、鬆軟。

⑤ 打入蛋，1 次 1 個，再攪拌入香草精。

⑥ 把麵粉和泡打粉篩到碗中，然後將奶油混合物分 3 份調入其中。

⑦ 把麵糊倒入烤盤中，在上面擺上李子。

⑧ 再在上面均勻撒上一層步驟 2。

⑨ 烘烤至插入蛋糕測試棒取出後無黏狀物，約 45 分鐘，擱置，待其冷卻。

⑩ 食用前，用小刀沿邊緣刮一圈，倒扣在盤子上，然後再倒扣在淺盤上，這樣蛋糕的正面就朝上了。

> **參考做法**
> 這種蛋糕也可以用同樣數量的杏桃代替，如果喜歡的話，可以剝掉杏皮。或者用去核的櫻桃取代。也可用什錦水果取代，像紅色或黃色的葡萄乾、綠葡萄乾和杏桃皆可。

# 蜜桃蛋糕 Peach Torte

## 材料（8人份）

麵粉1杯
泡打粉1茶匙
鹽⅛茶匙
無鹽奶油125公克
糖¾杯
蛋2個，置於室溫下
桃子6～7個
糖和檸檬汁
打發鮮奶油，配料用，任選

① 預熱烤箱至180℃，取出1
　個10寸的脫底模，刷上油。

② 把麵粉、泡打粉和鹽一起篩
　到碗裏，備用。

③ 用電動攪拌器把奶油和糖攪
　拌至光亮、鬆軟，加入蛋和
　乾配料，均勻調和。

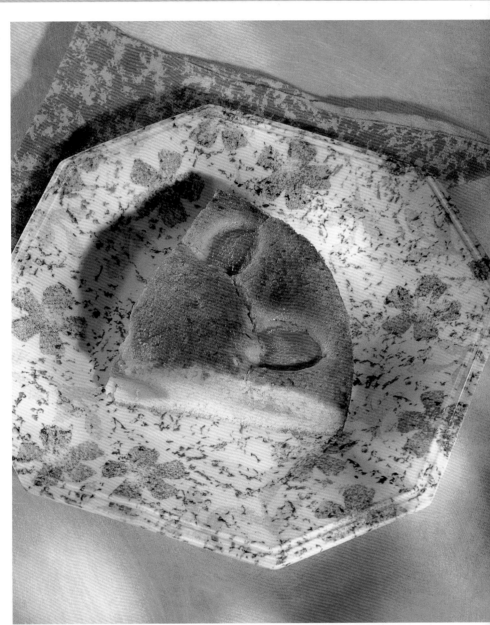

④ 把麵糊用湯匙舀入鍋中，並
　用湯匙壓平。

⑤ 把幾個桃子放到剛沸的開水中約
　10秒鐘，然後用湯匙邊緣將桃
　子取出，用鋒利的小刀剝皮，再
　把桃子切半，去核。

⑥ 把桃子放在麵糊上，撒上糖，淋
　上檸檬汁。

⑦ 烘烤至金褐色、凝固狀，50～
　60分鐘，溫熱時食用，也可以
　加上打發鮮奶油。

# 覆盆子榛果蛋白蛋糕 Raspberry-Hazelnut Meringue Cake

## 材料 (8人份)

榛果 1 杯
蛋白 4 個
鹽 ⅛ 茶匙
糖 1 杯
香草精 ½ 茶匙
**製作蛋糕餡的配料:**
鮮奶油 310 公克
覆盆子 680 公克

❶ 預熱烤箱至 180℃,取出 2 個 8 寸的圓烤盤,鋪上蠟紙並上油。

❷ 把榛果鋪在烤盤上,略微烤酥,約 8 分鐘,稍微冷卻。

❸ 把榛果倒入一塊乾淨的餐桌布上,擦去榛果上的皮。

❹ 用食品加工機、攪拌器或堅果研磨機把榛果碾成粗砂狀。

❺ 降低烤箱溫度至 150℃。

❻ 用電動攪拌器把蛋白和鹽攪拌至形成濕性發泡,加入 2 湯匙糖,然後用塑膠抹刀把剩餘的糖加入,1 次只加入幾匙,再拌入香草精和榛果。

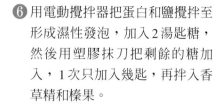

❼ 把麵糊分成 2 份,倒入準備好的烤盤中,鋪平。

❽ 烘烤 75 分鐘,如果蛋白糖霜容易變成棕色,在上面鋪上一層錫箔紙,放置 5 分鐘後,小心翼翼地用小刀沿著烤盤邊緣劃一圈,以便蛋糕脫落,然後移至架上冷卻。

❾ **蛋糕餡製作:**攪拌奶油至凝固狀。

❿ 把一半的奶油均勻鋪在其中一個圓形的蛋白糖霜上,然後擺放上一半的覆盆子。

⓫ 在另一個蛋白糖霜上鋪上一層奶油,然後在奶油上擺上剩餘的覆盆子,放入冰箱 1 小時後會比較容易切開。

# 果子奶油蛋糕 Forgotten Torte

## 材料 (6人份)

| | |
|---|---|
| 蛋白6個,置於室溫下 | |
| 塔塔粉 ½ 茶匙 | |
| 鹽 ⅛ 茶匙 | |
| 砂糖 1½ 杯 | |
| 香草精 1 茶匙 | |
| 液態鮮奶油 190 公克 | |

**製作醬汁的配料:**

新鮮或解凍的覆盆子 340 公克

糖粉 2 ～ 3 湯匙

**①** 預熱烤箱至 230℃,在一個容量約 6 杯的戚風蛋糕模具上油。

**②** 用電動攪拌器把蛋白、塔塔粉和鹽攪拌至形成濕性發泡,慢慢加入糖,並攪拌至光滑、黏稠,再放入香草精。

**③** 用湯匙把混合物舀入準備好的烤盤中,把頂部抹勻。

**④** 放入烤箱,然後關掉烤爐,放置一晚上,期間不能打開烤箱。

**⑤** 食用前,用小刀輕輕地沿邊緣劃一圈,然後取下模具,放入淺盤上,攪拌奶油至凝固,把奶油抹在蛋糕頂部和蛋白糖霜上,再裝飾上蛋白糖霜屑。

**⑥** **醬汁製作:** 把覆盆子打成醬,然後過濾,這樣能使蛋糕的味道變得更為香甜。

### 烹飪提示
此蛋糕不宜放在有風扇裝置或固體燃料的烤箱中烘烤。

211

# 經典乳酪蛋糕 Classic Cheesecake

**材 料**
（8人份）

消化餅乾屑 ½ 杯

奶油乳酪 900 公克，置於室溫下

糖 1¼ 杯

檸檬的碎皮 1 個

新鮮檸檬汁 3 湯匙

香草精 1 茶匙

蛋 4 個，置於室溫下

① 預熱烤箱至 160℃，將 1 個 20 cm 的脫底模上油，鋪上一張直徑比烤盤大 10～13 cm 的圓形錫箔紙，把邊緣按好，與盤子邊緣完全封合。

② 把餅乾屑撒在烤盤底，鋪成均勻的一層。電動攪拌器把奶油乳酪攪拌至光滑。加入糖、檸檬皮、檸檬汁和香草精，均勻攪拌，打入蛋，一次 1 個，攪拌至充分調和。

③ 把麵糊倒入準備好的盤中，把烤盤放在一個更大的烘烤盤中，在烤盤中倒入足夠的熱水，約 2.5cm。烘烤約 90 分鐘至蛋糕面上呈金褐色，在盤中冷卻。

④ 用小刀在盤子邊緣劃上一圈，然後沿邊緣取下模具，食用前放入冰箱至少 4 小時。

# 巧克力乳酪蛋糕 Chocolate Cheesecake

**材 料**
（10～12人份）

半甜巧克力 170 公克

無糖巧克力 115 公克

奶油乳酪 1135 公克，置於室溫下

糖 1 杯

香草精 2 茶匙

蛋 4 個，置於室溫下

酸奶油 190 公克

**製作糕餅皮的配料：**

巧克力威化脆餅屑 1½ 杯

奶油 90 公克，溶化

肉桂粉 ½ 茶匙

① 預熱烤箱至 180℃，將 1 個 23 × 7.5 cm 的脫底模底部和邊緣上油。

② **底層製作：** 把巧克力威化脆餅屑和奶油及肉桂粉混合，均勻地在烤盤底部鋪上一層。

③ 把兩種巧克力隔水加熱溶化，備用。

④ 用電動攪拌器把奶油乳酪攪拌至光滑，然後加入糖和香草精，再打入蛋，一次 1 個，必要時，可以用抹刀把碗刮乾淨。加入酸奶油，再拌入溶化的巧克力。

⑤ 倒在步驟 2 上，烘烤 60 分鐘，在盤中冷卻，取下模具，食用前放入冰箱。

# 檸檬慕司乳酪蛋糕 Lemon Mousse Cheesecake

## 材 料 （10～12人份）

奶油乳酪 1135 公克，置於室溫下

糖 1½ 杯

麵粉 ⅓ 杯

蛋 4 個，置於室溫下，蛋黃和蛋白分離

新鮮檸檬汁 ½ 杯

檸檬的碎皮 2 個

消化餅乾屑 1 杯

❶ 預熱烤箱至 160℃，取出 1 個 25×5 ㎝的圓烤盤，鋪上蠟紙並抹上油。

❷ 用電動攪拌器把奶油乳酪攪拌至光滑，慢慢加入 1¼ 杯的糖，攪拌至光亮，再調入麵粉。

❸ 攪入蛋黃、檸檬汁和檸檬皮，攪拌至均勻混合，色澤光亮。

❹ 在另一個碗中，將蛋白攪拌至形成濕性發泡，加入剩餘的糖，攪拌至黏稠、有光澤。

❺ 把步驟 4 加入步驟 3 中，輕輕攪拌。

❻ 把麵糊倒入準備好的烤盤中，然後把烤盤放在更大的烤盤中，把熱水倒入大盤中，約 2.5 ㎝深，然後放入烤箱中。

❼ 烘烤 60～65 分鐘至金黃色，把盤子放到架上冷卻，封上，並放入冰箱至少 4 小時。

❽ **取下模具**：先用抹刀沿烤盤邊緣劃一圈，把一個淺盤倒扣在烤盤上，然後翻轉過來，取下烤盤，用金屬抹刀把蛋糕面抹勻。

❾ 在蛋糕面上均勻撒上一層餅乾屑，輕輕按壓餅乾屑。

❿ 食用時，用沾過熱水的鋒利小刀切開。

# 大理石花紋乳酪蛋糕 Marbled Cheesecake

## 材料（10人份）

| | |
|---|---|
| 無糖可可粉 ½ 杯 | |
| 熱水 5 湯匙 | |
| 奶油乳酪 900 公克 | |
| 糖 1 杯 | |
| 蛋 4 個 | |
| 香草精 1 茶匙 | |
| 消化餅乾屑 ½ 杯 | |

❶ 烤箱預熱至 180℃，取出 1 個 20 × 7.5 cm 的圓烤盤，鋪上蠟紙並抹上油。

❷ 把可可粉篩入碗中，倒入熱水，攪拌至充分溶解，放置一旁。

❸ 用電動攪拌器把奶油乳酪攪拌成光滑的奶油狀，加入糖，調和，打入蛋，1 次 1 個，不要過度攪拌。

❹ 把混合物分成均等的兩份，分別放入兩個碗中，把巧克力混合物攪拌入其中一個碗中，然後把香草精攪拌入另一個碗中。

❺ 把一杯滿的香草混合物倒入烤盤中央，它會自動在盤底擴散開，形成均勻的一層，再同樣慢慢地在盤中央倒入一杯滿的巧克力混合物。

❻ 交替倒入混合物，直至混合物用盡。

❼ 把烤盤放在一個更大的烤盤中，把熱水倒入大的烤盤中，水深爲烤盤的 3.5 cm。

❽ 烘烤至蛋糕面呈金黃色，約 90 分鐘，在烘烤時蛋糕會膨脹，但是後來就會恢復，放在架上冷卻。

❾ 取下模具：先用抹刀沿烤盤邊緣劃一圈，把一個淺盤倒扣在烤盤上，然後翻轉過來，這樣蛋糕就倒扣在淺盤上了。

❿ 在蛋糕底部均勻撒上一層餅乾屑，再輕輕地在蛋糕上放一個盤子，再翻轉一次，然後封上，並放入冰箱至少 3 小時或一夜，食用時，用沾過熱水的鋒利小刀切開。

# 香濃巧克力山核桃蛋糕 Rich Chocolate Pecan Cake

蛋糕

巧克力風味

## 材料（10人份）

奶油 250 公克

微甜巧克力 225 公克

無糖可可粉 1 杯

糖 1½ 杯

蛋 6 個

白蘭地或科涅克白蘭地 ⅓ 杯

山核桃 2 杯，切碎

**製作糖霜的材料：**

奶油 60 公克

苦甜巧克力 140 公克

牛奶 2 湯匙

香草精 1 茶匙

① 將烤箱預熱至 180℃，取出一個 23×5 cm 的圓烤盤，鋪上烹飪用蠟紙，抹上油。

② 將奶油與巧克力隔水加熱溶化，然後，放置一旁，冷卻。

③ 將可可粉篩入碗中，加入糖、蛋，並攪拌至均勻混合，再倒入步驟 2 及白蘭地。

④ 拌入 3/4 的山核桃仁，然後將麵糊倒入預備的烤盤中。

⑤ 將烤盤放在一個大盤子上，然後在大盤子裏倒入 2.5 cm 深的熱水，烘烤 45 分鐘，直到蛋糕凝固可用手指輕按，放置 15 分鐘之後，將蛋糕從烤盤中取出，並移至冷卻架上。

⑥ 用蠟紙將蛋糕包好，放入冰箱至少 6 小時。

⑦ **糖霜製作：** 將奶油、巧克力、牛奶及香草精混合隔水加熱溶化。

⑧ 在蛋糕下鋪一層蠟紙，然後沿著蛋糕邊緣抹上幾匙糖霜（整個蛋糕及側面都應抹上），再將剩下的糖霜抹在蛋糕面上。

⑨ 將剩餘的山核桃仁鋪灑在蛋糕的邊緣，並用手輕按。

# 巧克力布朗尼蛋糕 Chocolate Brownie Cake

## 材料（8～10人份）

無糖巧克力115公克

奶油190公克

糖2杯

蛋3個

香草精1茶匙

麵粉1½杯

泡打粉1茶匙

胡桃1杯，切碎

**製作糖霜的配料：**

液態鮮奶油375公克

半甜巧克力225公克

植物油1湯匙

① 預熱烤箱至180℃，取出2個20cm的圓烤盤，鋪上蠟紙並上油。

② 巧克力隔水加熱溶化。

③ 把巧克力倒入另一個碗中，加入糖、蛋和香草精，攪拌至均勻混合。

④ 把麵粉和泡打粉篩到步驟3中，攪拌入胡桃仁。

⑤ 把麵糊分成兩份，倒入準備好的烤盤中，抹平。

⑥ 烘烤至插入蛋糕測試棒取出後無黏狀物，約30分鐘，擱置10分鐘，然後取下模具，轉移到架子上。

⑦ 當蛋糕冷卻時，把鮮奶油攪打成糊狀。用長的鋸齒狀餐刀小心地把蛋糕水平切成兩片。

⑧ 把蛋糕堆疊，並在疊層之間抹上鮮奶油，然後把剩餘的奶油抹在蛋糕面上，放入冰箱，食用前取出即可。

### 烹飪提示

要製作巧克力布朗尼霜淇淋蛋糕的話，只要在蛋糕夾層抹上香草霜淇淋就可以了，放在冰箱，食用時取出即可。

⑨ **巧克力卷的製作：** 把巧克力和植物油隔水加熱溶化，然後放在一個無孔的平面上，平鋪成一個1cm厚的長方形，在巧克力凝固後，立即用刀刃傾斜著削刮巧克力表面，形成巧克力卷，然後擺放在蛋糕上面。

蛋糕

巧克力風味

# 胡桃咖啡奶油蛋糕 Walnut Coffee Torte

## 材料（8～10人份）

| | |
|---|---|
| 胡桃仁 1¼ 杯 | |
| 糖 ¾ 杯 | |
| 蛋 5 個，蛋黃和蛋白分離 | |
| 乾麵包屑 ⅓ 杯 | |
| 無糖可可粉 1 湯匙 | |
| 即溶咖啡 1 湯匙 | |
| 朗姆酒或檸檬汁 2 湯匙 | |
| 鹽 ⅛ 茶匙 | |
| 葡萄或紅醋栗果醬 6 湯匙 | |
| 胡桃，切碎，裝飾用 | |
| **製作糖霜的配料：** | |
| 苦甜巧克力 225 公克 | |
| 液態鮮奶油 750 公克 | |

❸ 用食品加工機、攪拌器或堅果研磨機把胡桃和3湯匙的糖一塊研磨。

❹ 用電動攪拌器把蛋黃和剩餘的糖攪拌至黏稠、呈檸檬光澤。

❶ **糖霜製作**：把巧克力和奶油隔水加熱溶化，冷卻、封上，然後放入冰箱至凝固，或者隔夜。

❷ 預熱烤箱至 180℃，取出 1 個23 × 5 cm的烤盤，鋪上蠟紙並上油。

❺ 加入胡桃仁，再放入麵包屑、可可粉、咖啡和朗姆酒或檸檬汁。

❻ 在另一個碗裏，打散蛋白和鹽，直至形成濕性發泡，用塑膠抹刀小心地拌入步驟5。

❼ 把蛋白麵糊倒入準備好的烤盤中，烘烤至輕輕按壓蛋糕表面時，蛋糕能夠迅速回彈，約45分鐘，擱置 5 分鐘後，取下模具，放到架上。

❽ 當冷卻的時候，沿水平方向把蛋糕切成兩半。

❾ 用電動攪拌器低速攪拌巧克力糖霜混合物，直至變得更加光亮，約30秒，不要過度攪拌，否則會形成紋理。

❿ 把果醬放到深平底鍋中加熱溶化後刷在蛋糕切面，然後刷上一些巧克力糖霜，再把蛋糕疊放，在蛋糕面上刷上果醬，在頂部和邊緣刷上巧克力糖霜，用餐刀輕輕按壓出像星體爆炸似的輻射狀條文，在邊緣一圈撒上胡桃碎粒。

# 天使蛋糕 Angel Food Cake

蛋糕

其他口味蛋糕

## 材料（12～14人份）

篩過的麵粉 1 杯

細砂糖 1½ 杯

蛋白 1¼ 杯（約 10～11 個雞蛋）

塔塔粉 1¼ 茶匙

鹽 ¼ 茶匙

香草精 1 茶匙

杏仁精 ¼ 茶匙

糖粉，裝飾用

❶ 預熱烤箱至 160℃。

❷ 在酌量前，篩好麵粉，加入半杯的糖，篩 4 次，然後倒入碗中。

❸ 用電動攪拌器把蛋白打至起泡，把塔塔粉、鹽篩到裏面，再攪拌至把攪拌器拿起來的時候，能形成濕性發泡。

❹ 分 3 次加入剩下的糖，每次加入後都攪拌均勻，再加入香草精和杏仁精。

❺ 加入麵粉混合物，一次半杯，每次添加後都用金屬匙拌入。

❻ 移至一個 10 英寸未上油（中間有管狀凹陷的）深烤餅鍋中，烘烤約 60 分鐘至頂部成淡棕色。

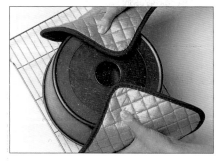

❼ 把烤盤倒扣在麵包架上，冷卻 60 分鐘，如果麵包無法脫落，可以用抹刀沿邊緣刮一圈，使之滑落，再翻轉放在盤上。

❽ 當冷卻的時候，在蛋糕面上放一個星形的模板，再篩上糖粉，然後拿開模板。

# 酸奶咖啡蛋糕 Sour Cream Streusel Coffee Cake

## 材料（12～14人份）

奶油125公克

砂糖⅔杯

蛋3個，置於室溫下

麵粉1½杯

小蘇打1茶匙

泡打粉1茶匙

酸奶油1杯

**製作上層麵糊的配料：**

黑糖1杯

肉桂粉2茶匙

胡桃仁1杯，切勻

冷凍奶油60公克，切塊

① 預熱烤箱至180℃，取出1個9寸的烤盤，鋪上蠟紙並刷上油。

② **上層麵糊製作：**把黑糖、肉桂粉和胡桃仁放入碗中，用手指捏勻，然後放入奶油，再用手指攪勻至像糕餅屑。

③ **蛋糕製作：**用電動攪拌器把奶油攪拌至鬆軟，加入糖繼續攪拌至變得光亮、鬆軟。

④ 放入蛋，1次一個，每加入1個都攪拌均勻。

⑤ 把麵粉、小蘇打和泡打粉分3次篩到另一個碗裏。

⑥ 把乾配料分3次調入奶油混合物中，交替加入酸奶油，每次加入後都均勻混合。

⑦ 把一半的麵糊倒入準備好的烤盤中，並撒上一半的胡桃仁混合物。

⑧ 把剩下的奶油倒在上面，在撒上剩餘的胡桃仁混合物。

⑨ 烘烤60～70分鐘直到成爲棕色，放置5分鐘後，取下模具，放到架上冷卻。

# 戚風蛋糕 Chiffon Cake

蛋糕

其他口味蛋糕

## 材料（16人份）

麵粉 2 杯

泡打粉 1 湯匙

鹽 1 茶匙

糖 1½ 杯

植物油 ½ 杯

蛋 7 個，置於室溫下，蛋黃和蛋白分開

冷水 ¾ 杯

香草精 2 茶匙

檸檬碎皮 2 茶匙

塔塔粉 ½ 茶匙

**製作糖霜的配料：**

無鹽奶油 170 公克

即溶咖啡 4 茶匙，加入 4 湯匙熱水

糖粉 5 杯

① 預熱烤箱至 160℃。

② 把麵粉、泡打粉和鹽篩入碗中。加入 1 杯糖，在中央留一小洞，在其中加入植物油、蛋黃、水、香草精和檸檬皮，用打蛋器或金屬湯匙攪拌均勻。

③ 用電動攪拌器把蛋白和塔塔粉混合攪拌至形成鬆軟濕性發泡，加入剩餘的半杯糖，繼續攪拌至形成濕性發泡。

④ 把麵粉團分 3 次放入步驟 3 中，每次加入後都充分拌勻。

⑤ 把麵糰放到一個沒刷油的戚風蛋糕模中，烘烤至按壓頂部麵糰時能迅速彈回，約 70 分鐘。

⑥ 烘烤後，從烤箱中取出蛋糕，並迅速倒扣在漏斗或一個瓶頂上，冷卻後，移開蛋糕，用小刀在邊緣上劃一圈，然後把烤盤倒放，快速敲打盤子外部，再把蛋糕倒放在淺盤上。

⑦ **糖霜製作：**用電動攪拌器把奶油和糖粉一起攪拌至光滑，加入咖啡，攪拌至蓬鬆，用抹刀，在蛋糕邊緣和表面上抹上糖霜。

# 香料蛋糕 Spice Cake

## 材 料（10～12 人份）

牛奶 1¼ 杯

深色玉米糖漿 2 湯匙

香草精 2 茶匙

胡桃 ¾ 杯，切碎

奶油 190 公克

糖 1½ 杯

蛋 1 個，置於室溫下

蛋黃 3 個，置於室溫下

麵粉 2 杯

泡打粉 1 湯匙

肉豆蔻粉 1 茶匙

肉桂粉 1 茶匙

丁香粉 ½ 茶匙

薑粉 ¼ 茶匙

五香粉 ¼ 茶匙

**製作糖霜的配料：**

奶油乳酪 175 公克

無鹽奶油 30 公克

糖粉 1¾ 杯

生薑 2 湯匙，切碎

薑汁 2 湯匙

生薑片，裝飾用

① 預熱烤箱至 180℃，取出 3 個 8 寸的烤盤，鋪上蠟紙並上油，把牛奶、玉米糖漿、香草精和胡桃仁放在碗中混合。

② 用電動攪拌器把奶油和糖攪拌至光亮蓬鬆，打入蛋和蛋黃，再加入步驟 1，均勻攪拌。

③ 把麵粉、泡打粉和香料篩 3 次。

④ 分 4 次在步驟 2 中加入步驟 3，每次加完後都仔細攪拌。

⑤ 把麵糰分為 3 份放在 3 個烤盤內，烘烤蛋糕，直至用手按壓蛋糕時，能夠迅速彈回，約 25 分鐘，放置 5 分鐘後，取下模具，放在架上冷卻。

⑥ **糖霜製作：**把所有的配料混合，並用電動攪拌器攪拌，把糖霜刷在蛋糕疊層之間和蛋糕頂部，再用薑片裝飾蛋糕。

# 蛇形蛋糕 Snake Cake

## 材料（10～12人份）

| | |
|---|---|
| 奶油或乳瑪琳250公克 | |
| 橘子的碎皮和果汁1個 | |
| 砂糖1杯 | |
| 蛋4個，置於室溫下，蛋黃和蛋白分離 | |
| 麵粉1½杯 | |
| 泡打粉1茶匙 | |
| 鹽⅛茶匙 | |

**製作糖霜和裝飾的配料：**

| | |
|---|---|
| 無鹽奶油30公克 | |
| 糖粉3杯 | |
| 半甜巧克力140公克 | |
| 鹽⅛茶匙 | |
| 酸奶油½杯 | |
| 蛋白1個 | |
| 綠色和藍色的食用色素 | |

① 預熱烤箱至190℃，將2個8.5寸的環形烤盤上油並撒上麵粉。

② 用電動攪拌器把奶油或乳瑪琳、橘子皮和糖攪拌至光亮、鬆軟，打入蛋黃，1次1個。

③ 把麵粉、泡打粉和鹽一起篩到步驟2中，交替加入橘子汁。

④ 把蛋白和鹽攪拌至黏稠。

⑤ 把一大部分的蛋白倒入奶油混合物中使之變得光亮，然後再慢慢加入剩餘的蛋白。

⑥ 把麵糊分成兩份，倒入準備好的烤盤中，烘烤約25分鐘至插入蛋糕測試棒取出後無黏狀物，放置5分鐘後，取下模具，放到架上冷卻。

⑦ 準備一個平板，約60×20㎝，鋪上烹飪用紙或錫箔紙。

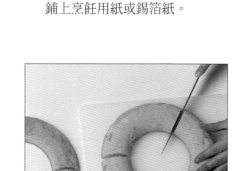

⑧ 把蛋糕切成均勻的3段，修整橫截面，如果必要的話，可以把作為蛇頭部的蛋糕切成扇形，尾部也可同樣處理。

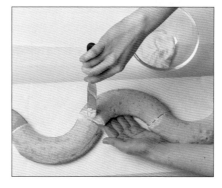

⑨ **奶油糖霜製作：**把奶油和⅓杯的糖粉混合，用於黏接蛋糕片段和平板上。

⑩ **巧克力糖霜製作：**溶化巧克力，攪拌入鹽和酸奶油，冷卻的時候，塗抹在蛋糕上，並把表面抹平。

⑪ **裝飾配料製作：**把蛋白打出泡沫，加入足夠的剩餘糖粉，至形成濃稠的混合物，放在不同的碗中，放入食用色素。

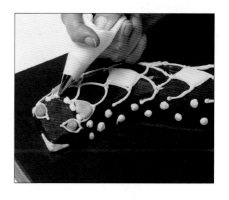

⑫ 把糖霜裝入蛋糕擠花袋中，擠出裝飾圖案。

# 南瓜燈籠蛋糕 Jack-O'-Lantern Cake

## 材料（8～10人份）

低筋麵粉 1½ 杯

泡打粉 2½ 茶匙

鹽 ⅛ 茶匙

奶油 125 公克

砂糖 1 杯

蛋黃 3 個，置於室溫下，充分打勻

檸檬碎皮 1 茶匙

牛奶 ¾ 杯

**製作蛋糕表層的配料：**

糖粉 5～6 杯

蛋白 2 個

液態糖漿 2 湯匙

橘色和黑色食用色素

① 預熱烤箱至 190℃，取出 1 個 20㎝的圓烤盤，然後鋪上蠟紙並上油。

② 把麵粉、泡打粉和鹽篩在一起，備用。

③ 用電動攪拌器把奶油和糖攪拌至光亮、鬆軟，慢慢加入蛋黃，然後加入檸檬皮，把步驟 2 分 3 次調入，交替加入牛奶。

④ 把麵糊舀入準備好的烤盤中，烘烤約 35 分鐘至插入蛋糕測試棒取出後無黏狀物，放置 5 分鐘後，取下模具，放到架上冷卻。

### 烹飪提示

如果願意的話，可以用現成做好的蛋糕表層或軟糖料，這些都能夠在專門的食品材料行或超市買到。如果需要的話，可加入食用色素。

⑤ **蛋糕表層製作：** 把 4½ 杯的糖粉篩到碗中，在中央留一小洞，加入蛋白、糖漿和橘色食用色素，攪拌至形成一個粗麵糰。

⑥ 在工作平臺上撒上糖粉，把麵糰放在上面，約略揉搓。

⑦ 把麵糰壓成一個約 0.3㎝厚的圓餅。

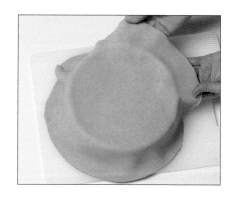

⑧ 將圓餅輕輕放在冷卻了的蛋糕上，把邊緣弄平，切下多餘的部分，保留備用。

⑨ 利用切除的邊緣部分，切成所需的蓋子圖形，把黑色食用色素加入剩餘的麵糰中，壓成扁平狀，切割出所需的臉部形狀。

⑩ 在這些切成特定形狀的麵糰下塗上水，然後貼在蛋糕面上。

⑪ 把剩餘的蛋白舀一勺放入碗中，攪拌入足夠的糖粉至形成黏稠的糖霜。加入褐色食用色素後，用蛋糕擠花袋沿著蓋子勾勒出線條。